CAD/CAM/CAE
工程应用丛书 UG系列

U0154963

UG NX

完全实例解析

博创设计坊 组编　　钟日铭 等编著

机械工业出版社
CHINA MACHINE PRESS

UG NX 是一款优秀的 CAD/CAM/CAE 软件，在机械制造、模具、数控和汽车制造等领域应用广泛。本书适用于 UG NX 1847/1851 及以上版本。本书将典型、实用的项目案例串连成一条高效的学习链条，以应用为主线，每个案例既相对独立，又有所关联或具有新知识点，强化实践技能培训，以求能切实提高读者解决实际问题的能力。全书共 7 章，分别为 NX 入门与草图设计、NX 曲线设计、NX 实体设计、NX 曲面设计、同步建模与标准化建模、装配设计和工程图设计，每一章由若干个项目任务组成，突出实际应用和教学成效。

　　本书可以作为大中专院校和职业院校相关专业的实践课程教材，也可作为广大工程技术人员的自学与参考用书。

图书在版编目（CIP）数据

UG NX 完全实例解析／博创设计坊组编；钟日铭等编著 . —北京：机械工业出版社，2021.1（2023.7 重印）

（CAD/CAM/CAE 工程应用丛书）

ISBN 978-7-111-67312-5

Ⅰ.①U…　Ⅱ.①博…②钟…　Ⅲ.①计算机辅助设计–应用软件　Ⅳ.①TP391.72

中国版本图书馆 CIP 数据核字（2021）第 015127 号

机械工业出版社（北京市百万庄大街 22 号　邮政编码 100037）

策划编辑：张淑谦　责任编辑：张淑谦

责任校对：徐红语　责任印制：刘　媛

涿州市般润文化传播有限公司印刷

2023 年 7 月第 1 版第 5 次印刷

184mm×260mm · 14 印张 · 342 千字

标准书号：ISBN 978-7-111-67312-5

定价：79.00 元

电话服务	网络服务
客服电话：010-88361066	机　工　官　网：www.cmpbook.com
010-88379833	机　工　官　博：weibo.com/cmp1952
010-68326294	金　　书　　网：www.golden-book.com
封底无防伪标均为盗版	机工教育服务网：www.cmpedu.com

前　言

UG NX（也称 SIEMENS NX，简称 NX）是一款性能优良且集成度高的 CAD/CAM/CAE 综合应用软件，功能涵盖了产品的整个开发和制造等过程，包括外观造型设计、建模、装配、工程制图、模拟分析、制造加工等。NX 系列软件在汽车、机械、航天航空、模具加工等领域应用广泛。在 NX 12.0 之后，1847、1851 等一系列创新版本陆续推出，本书基于这些创新版本精心编写。

本书综合考虑了初学者或院校学生的一般学习规律和知识接受能力，并模拟了职业技能培训的授课场景，特意采用全新的知识编排结构，以分类的典型案例贯穿整个 NX 知识学习过程。每个项目任务都可以独立成为一节课的内容，因为每个项目任务都编排有"工作任务""知识点""任务实施步骤""思考与实训"4 个环节，按照课时需要，授课时可以灵活安排项目任务，课时紧凑时可以一节课讲解两个项目任务，也可以根据需要对某些章节的项目任务有针对性地进行授课。学完本书，读者基本可以掌握使用 NX 进行一般产品、机械零件设计的方法，设计能力基本可以达到一般设计师的职场要求。当然，要想达到更高水准，少不了勤学苦练，掌握扎实的设计理论知识等。

本书共 7 章，每一章都根据分类内容来编排若干个典型的项目任务案例。每个项目任务中的案例都会涉及实用的新知识，将 NX 软件的众多知识点、应用技巧等巧妙地分类编排到相应的项目任务案例中，使得看似烦杂的知识点有了应用串连，还能将设计思路和操作技巧融合进来，读者学习起来不会觉得枯燥乏味，对照案例操练学习还能增强自信心。

本书配置了内容丰富的资料包，包括电子课件 PPT、案例操作视频（MP4 格式）等。建议读者将本书配套资料的内容下载到计算机硬盘中以方便读取使用，也可以扫描书中的二维码来直接观看视频讲解。注意，本书配套资料仅供学习之用，请勿擅自将其用于其他商业活动。

如果读者在阅读本书时遇到什么问题，可以通过 E-mail 方式与作者联系，作者的电子邮箱为 sunsheep79@163.com。欢迎读者关注作者的微信公众号"桦意设计"，可以获阅更多的学习资料和观看相关的操作演示视频。

本书由深圳桦意智创科技有限公司组织策划，博创设计坊组编，主要由国内 CAD/CAM/CAE 领域知名专家钟日铭编著，此外参与编写的还有肖秋连、钟观龙、庞祖英、钟日梅、钟春雄、刘晓云、陈忠钰、周兴超、陈日仙、黄观秀、钟寿瑞、沈婷、钟周寿、曾婷婷、邹思文、肖钦、赵玉华、钟春桃、劳国红、肖宝玉、肖秋引和肖世鹏。精心创作优质的教材，是一种情怀，更是一种责任！

书中如有疏漏之处，请广大读者不吝赐教。

天道酬勤，熟能生巧，以此与读者共勉。

钟日铭

目 录

第1章 NX入门与草图设计

本章导读 《

　　UG NX（简称 NX）是 Siemens PLM Software 公司开发的全方位产品工程解决方案软件，功能涵盖了产品的概念设计、三维模型设计、仿真模拟、模具设计和 CNC 加工等。

　　本章以两个项目任务来引导初学者掌握 NX 的一些入门实用知识，分别为 NX 基本操作演练案例和二维草图绘制案例。

项目任务一 ···· NX 基本操作演练案例

学习目标 《

- 熟悉 NX 操作界面。
- 掌握 NX 基本操作的方法及步骤。
- 掌握 NX 模型视角操作的常用方法及步骤。
- 掌握如何进入和退出全屏模式。
- 掌握各种渲染显示样式的切换。

一、 工作任务

　　打开一个模型素材文档，如图 1-1 所示，接着在该模型素材文档中进行相关的首选项设

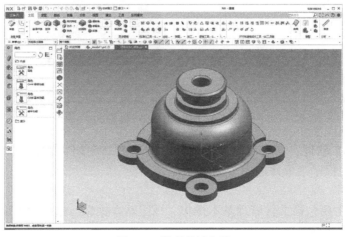

图 1-1　模型素材文档

置，并对模型的视角进行各种操作演练，以及应用各种渲染显示样式以观察模型显示效果，进入与退出全屏模式，最后关闭模型文档。

二、知识点

1. NX 软件启动与关闭

以 Windows 10 系统为例，正确安装好 UG NX 软件后，要启动 UG NX 软件，则可以在计算机桌面视窗上双击"NX 快捷方式"图标，弹出图 1-2 所示的启动界面，该启动界面显示片刻之后消失，进而弹出 NX 初始用户界面，如图 1-3 所示。该用户界面主要由标题栏、嵌入到标题栏的"快速访问"工具栏、功能区、菜单按钮、图形窗口/浏览器窗口、导航区和状态栏等组成。

图 1-2 启动界面

图 1-3 NX 初始用户界面

如果要关闭 NX 软件，那么可以在标题栏右侧单击"关闭"按钮 ✕，或者在功能区中打开"文件"应用程序菜单并选择"退出"命令。

2. NX 基本操作

NX 基本操作主要包括文件管理基本操作、视图基本操作、选择对象基本操作等。

（1）文件管理基本操作

NX 常用的文件管理基本操作包括新建文件、打开文件、保存文件、关闭文件和文件导入与导出等，这些操作命令基本位于功能区"文件"应用程序菜单中，如图 1-4 所示。用户也可以单击"菜单"按钮并展开"文件"级联菜单，从"文件"级联菜单中找到关于文件管理基本操作的命令，如图 1-5 所示。

图 1-4 "文件"应用程序菜单   图 1-5 单击"菜单"按钮打开的菜单选项

在文件管理基本操作中，文件的新建、打开操作是比较容易的，而文件的保存则有几个命令选项需要注意，这就是"保存""仅保存工作部件""另存为""全部保存""保存书签""选项"这几个命令选项，它们的含义如下。

- "保存"：保存工作部件和任何已修改的组件。
- "仅保存工作部件"：仅对工作部件进行保存。
- "另存为"：用其他名称保存此工作部件。
- "全部保存"：保存所有已修改的部件和所有顶层装配部件。
- "保存书签"：在书签文件中保存装配关联，包括组件可见性、加载选项和组件组。
- "选项"：定义保存部件文件时要执行的操作。

另外，关闭文件的执行方式也有多种，如关闭选定的部件、关闭所有部件，还可以根据实际情况执行"保存并关闭""另存并关闭""全部保存并关闭""全部保存并退出""关闭并重新打开选定的部件""关闭并重新打开所有修改的部件"这些关闭操作之一。

（2）视图基本操作

视图基本操作的相关工具命令位于"视图"|"操作"级联菜单中，主要包括"刷新""适合窗口""根据选择调整视图""缩放""取消缩放""显示非比例缩放""设置非比例缩放""非比例缩放选项""原点""平移""旋转""定向""设置视图至 WCS""透视""透视选项""镜像显示""设置镜像平面""恢复""扩大""选择工作""重新生成工作视图""删除""保存""另存为"，它们的功能含义见表 1-1。一些常用的视图基本操作工具也可以在上边框条（"上边框条"为 UG 专有名词，位于图形窗口的上方、功能区的下方一行，包括几个工具栏）的"视图组"工具栏或功能区的"视图"选项卡中被快速找到。

表 1-1　视图基本操作

序　号	命　令	图　标	功能含义
1	刷新	⟳	重画图形窗口中的所有视图，以擦除临时显示的对象
2	适合窗口	⊡	调整工作视图的中心和比例以显示所有对象，其快捷键为〈Ctrl + F〉
3	根据选择调整视图		使工作视图适合当前选定的对象
4	缩放		放大或缩小工作视图，其快捷键为〈Ctrl + Shift + Z〉
5	取消缩放		取消上次缩放操作
6	显示非比例缩放		通过朝一个方向拉长视图，在基本平坦的曲面上着重显示小波幅
7	设置非比例缩放	⬧	定义非比例缩放的宽高比
8	非比例缩放选项	⬧	重新定义非比例缩放的方法、锚点中心及灵敏度
9	原点		更改工作视图的中心
10	平移	⊞	执行该按钮功能时通过按左键（MB1）并拖动鼠标可以平移视图
11	旋转	⟳	使用鼠标围绕特定的轴旋转视图，或将其旋转至特定的视图方向，其快捷键为〈Ctrl + R〉
12	定向	⊡	将工作视图定向到指定的坐标系
13	设置视图至 WCS		将工作视图定向到 WCS 的 XC – YC 平面
14	透视	⬨	将工作视图从平行投影更改为透视投影
15	透视选项		控制从摄像机到透视图中目标的距离
16	镜像显示	⬢	创建对称模型一半的镜像，方法是跨某个平面进行镜像
17	设置镜像平面	⬢	重新定义用于"镜像显示"选项的镜像平面
18	恢复		将工作视图恢复为上次视图操作之前的方向和比例
19	扩大		扩大工作视图以使用整个图形窗口
20	选择工作		将工作视图改为布局中的某一个视图
21	重新生成工作视图		重新生成工作视图以擦除临时显示的对象并更新已修改几何体的显示
22	删除		删除用户定义的视图
23	保存		保存工作视图的方向和参数
24	另存为	⊡	用其他名称保存工作视图

在实际工作中，使用鼠标键快捷地进行一些视图操作是较为频繁的，见表 1-2。

表 1-2　使用鼠标进行常规视图操作

序　号	视图操作	具体操作说明	备　注
1	平移模型视图	在图形窗口中，按住鼠标中键（MB2）＋右键（MB3）的同时移动鼠标，可以平移模型视图	按住〈Shift + 鼠标中键（MB2）〉的同时拖动鼠标也可以快速地执行视图平移操作
2	旋转模型视图	在图形窗口中，按住鼠标中键（MB2）的同时拖动鼠标，可以旋转模型视图	如果要围绕模型上某一位置旋转，那么可以先在该位置按住鼠标中键（MB2）一会儿，然后开始拖动鼠标
3	缩放模型视图	在图形窗口中，按住鼠标左键（MB1）和中键（MB2）的同时拖动鼠标，可以缩放模型视图	也可以使用鼠标滚轮，或者按住〈Ctrl + 鼠标中键（MB2）〉的同时拖动鼠标

（3）选择对象基本操作

在 NX 中要选择一个对象，通常将鼠标指针移至该对象上并单击鼠标左键即可，重复此操作可以继续选择其他对象来形成一个选择集。

在 NX 的上边框条中提供有一个"选择组"工具条，为用户提供了各种选择工具及选项。在一些设计场合中，可以利用"选择组"工具条进行选择过滤设置，以便在复杂模型中快速地选择所需要的对象。

当遇到多个对象相距很近的情况时，可以使用"快速选取"对话框来选择所需的对象，其具体操作方法是将鼠标指针置于要选择的对象上保持不动，待鼠标指针旁出现 3 个点时单击鼠标左键，弹出图 1-6 所示的"快速选取"对话框，该对话框的列表列出鼠标指针下的多个对象，从该列表中指向某个对象使其高亮显示后单击便可选择它。还可以通过在对象上按住鼠标左键并等到在鼠标指针旁出现 3 个点时释放鼠标左键，即可打开"快速选取"对话框。

此外，在执行一些编辑操作时，NX 系统会弹出图 1-7 所示的"类选择"对话框，可以利用该对话框提供的类选择功能来选择满足条件的对象。

图 1-6　"快速选取"对话框

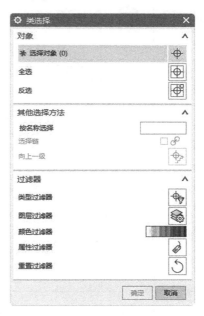

图 1-7　"类选择"对话框

如果选择了一个不需要的对象，那么可以在按〈Shift〉键的同时单击该选定对象来取消选择它。当在未打开任何对话框时，要取消选择图形窗口中的所有已选对象，那么可以按〈Esc〉键来清除当前选择。

3. 渲染显示样式

三维产品模型的基本显示效果由软件的渲染显示样式来设定，通常可以在上边框条"视图组"工具条的显示样式下拉列表中设置，如图 1-8 所示，也可以在图形窗口中右击空白区域，接着从弹出的快捷菜单中展开"渲染样式"级联菜单，然后从中选择一个渲染样式选项。

图 1-8　在"视图组"工具条中设置显示样式

可用的模型显示样式见表 1-3。

表 1-3　可用的模型显示样式一览表

序　号	显示样式	图　标	说　明	图　例
1	带边着色		用光顺着色和打光渲染工作视图中的面并显示面的边	
2	着色		用光顺着色和打光渲染工作视图中的面（不显示面的边）	
3	带有淡化边的线框		对不可见的边缘线用淡化的浅色细实线来显示，其他可见的线（含轮廓线）则用相对粗的设定颜色的实线显示	
4	带有隐藏边的线框		对不可见的边缘线进行隐藏，而可见的轮廓边以线框形式显示	
5	静态线框		系统将显示当前图形对象的所有边缘线和轮廓线，而不管这些边线是否可见	
6	艺术外观		根据指派的基本材料、纹理和光源实际渲染工作视图中的面，使得模型显示效果更接近于真实	
7	面分析		用曲面分析数据渲染工作视图中的分析曲面，即用不同的颜色、线条、图案等方式显示指定表面上各处的变形、曲率半径等情况，可通过"编辑对象显示"对话框（选择"编辑"/"对象显示"命令并选择对象后可打开"编辑对象显示"对话框）来设置着色面的颜色	
8	局部着色		用光顺着色和打光渲染工作视图中的局部着色面（可通过"编辑对象显示"对话框来设置局部着色面的颜色，并注意启用局部着色模式），而其他表面用线框形式显示	

4. 全屏模式

要实现全屏模式，可以在图形窗口下方、状态栏右部区域单击"全屏模式"按钮〔〕，也可以在功能区标签栏右侧单击"全屏模式"按钮〔〕，从而进入全屏模式，全屏模式的图形窗口得到最大化，而功能区、导航栏窗口等关闭。如果要退出全屏模式，可以按快捷键〈Alt + Enter〉，它的功能是退出全屏模式或进入全屏模式，在两者之间切换。

5. 系统配置基础

可以对 NX 系统基本参数进行个性化定制，使绘图环境更适合自己和所在的设计团队。NX 系统配置基础主要包设置 NX 首选项、用户默认设置和个性化屏幕等。

（1）NX 首选项设置

要为当前模式进行 NX 首选项设置，则可以在功能区打开"文件"应用程序菜单，接着从"首选项"级联菜单中选择所需的选项命令来修改系统默认的一些基本参数设置，如用户界面参数、新对象参数、资源板首选项、对象选择行为、图形窗口可视化特性、部件颜色特性、图形窗口背景颜色、可视化性能参数等。首选项设置主要是针对当前的 NX 图档有效，而对新建的图档不起作用。

（2）用户默认设置

如果在功能区的"文件"应用程序菜单中选择"实用工具" | "用户默认设置"命令，则弹出图 1-9 所示的"用户默认设置"对话框，接着在对话框左侧的树形列表中选择要设置的参数类型，则在右侧区域会显示相应的设置选项。利用"用户默认设置"对话框可以在站点、组和用户级别控制众多命令、对话框的初始设置和参数，包括更改建模基本环境所使用的单位制等。用户默认设置影响的是本机用户，当然包括后续新建的图档。

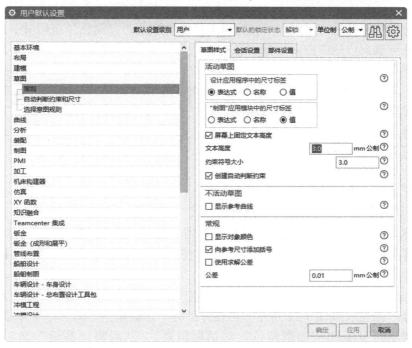

图 1-9 "用户默认设置"对话框

（3）定制个性化屏幕

用户可以根据自身设计需要来对功能区、菜单、按钮图标大小等屏幕要素进行个性化定制，其方法是在上边框条中单击"菜单"按钮，接着选择"工具"｜"定制"命令（对应快捷键为〈Ctrl + 1〉），弹出图 1-10 所示的"定制"对话框，接着使用相应的选项卡定制功能区、菜单和边框条，设置图标大小和工具提示的显示等。

图 1-10 "定制"对话框

定制好个性化屏幕后，可以在导航窗口中单击资源条的"角色"按钮，打开"内容"类别，接着在导航窗口的空白区域单击鼠标右键并从弹出的快捷菜单中选择"新建用户角色"命令，弹出"角色属性"对话框，指定角色名称和角色类别，以及设定应用模块等后，单击"确定"按钮。使用角色可以将自定义好的个性化界面保存下来，屏幕界面提供的工具命令等均是自己所需要的。用户可以根据需要从导航窗口的资源条"角色"选项卡的内容类别中选择合适的角色。

三、任务实施步骤

本项目任务的实施步骤如下。

1）在计算机桌面视窗上双击"NX 快捷方式"图标，启动 NX 软件。

2）在 NX 软件的"快速访问"工具栏中单击"打开"按钮，弹出"打开"对话框，从本书配套资料包的 CH1 文件夹里选择"项目任务 1 – 阀盖 . prt"，如图 1-11 所示，单击"OK"按钮。

3）在导航区的资源条上单击"角色"按钮，接着单击"内容"以打开内容类别，再单击"高级"角色，如图 1-12 所示，再在弹出的"加载角色"对话框中单击"确定"按钮（可以设置不再显示此"加载角色"对话框信息），从而将"高级"角色选定为当前角色。

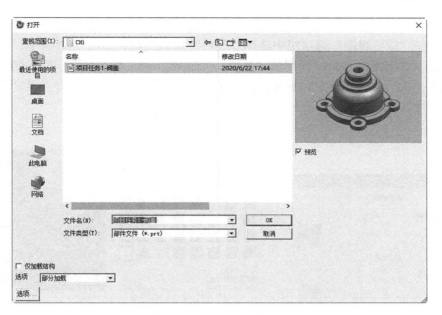

图 1-11 "打开"对话框

图 1-12 使用"高级"角色

知识点拨:

"基本功能"角色提供了完成简单任务所需的所有命令,建议大多数用户选择此角色,尤其是不需要定期使用 NX 的新用户。如果需要更多的命令,建议使用"高级"角色,"高级"角色提供的工具比"基本功能"角色更完整,且支持更多任务。本书若没有特别说明,均默认使用了"高级"角色的默认设置。

4) 设置图形窗口背景特性,这里将背景颜色设置为白色。选择"菜单"|"首选项"

|"背景"命令，弹出"编辑背景"对话框，接着在"着色视图"选项组中选择"纯色"单选按钮，在"线框视图"选项组中选择"纯色"单选按钮，如图1-13所示，单击"普通颜色"按钮，系统弹出图1-14所示的"颜色"对话框，从"基本颜色"列表框中选择"白色"颜色块，然后单击"确定"按钮，再单击"编辑背景"对话框中的"确定"按钮，则图形窗口的背景变为白色，如图1-15所示。

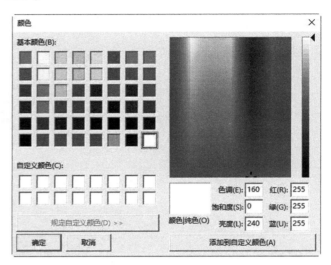

图1-13 "编辑背景"对话框

图1-14 "颜色"对话框

5）在图形窗口的空白区域处右击，接着从快捷菜单中选择"背景"|"渐变浅灰色背景"命令，如图1-16所示，从而将图形窗口背景色设为渐变浅灰色，模型默认为带边着色显示。

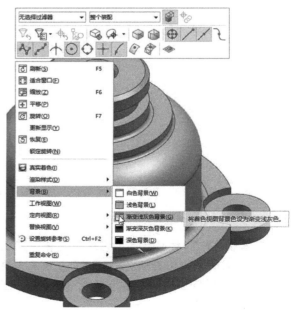

图1-15 设置好白色背景时的效果

图1-16 执行"渐变浅灰色背景"命令

知识点拨:

该快捷菜单的"背景"级联菜单提供了多种预定义的背景方案,包括"白色背景""浅色背景""渐变浅灰色背景""渐变深灰色背景""深色背景"。使用此方法变换背景颜色方便快捷。

6)按快捷键〈Ctrl + Shift + Z〉以快速启动"缩放"命令,系统弹出图1-17所示的"缩放视图"对话框,单击"缩小一半"按钮,再依次单击"放大10%"按钮、"双倍比例"按钮和"缩小10%"按钮,注意每单击一个缩放方式按钮都要观察模型视图的缩放情况。最后单击"确定"按钮。此时阀盖零件模型视图显示如图1-18所示。

图1-17　"缩放视图"对话框

图1-18　阀盖零件模型视图显示

7)将鼠标指针置于图形窗口中,按住鼠标中键的同时移动鼠标,将模型视图翻转成图1-19所示的视图效果来显示。

8)确保鼠标指针仍然置于图形窗口中,按住鼠标中键和右键的同时拖动鼠标,练习平移模型视图。

9)通过滚动鼠标中键滚轮,练习对模型视图进行放大和缩小操作。

10)在图形窗口的空白区域单击鼠标右键,接着从弹出的快捷菜单中选择"定向视图"|"正等测图"命令,使定位工作视图与正等测视图对齐,此时模型视图显示效果如图1-20所示。

图1-19　翻转模型视图显示

图1-20　模型视图显示(正等测图)

知识点拨:

用户亦可直接在键盘上按〈End〉键来切换到正等测视图。

11）在图形窗口的空白区域单击鼠标右键并接着从弹出的快捷菜单中选择"背景" │ "白色背景"命令。

12）在图形窗口的空白区域单击鼠标右键并从弹出的快捷菜单中选择"定向视图" │ "正三轴测图"命令，或者直接按〈Home〉键来切换到正三轴测图，此时模型视图显示如图 1-21 所示。

13）更改阀盖零件的外观颜色。选择"菜单" │ "编辑" │ "对象显示"命令，系统弹出图 1-22 所示的"类选择"对话框。在图形窗口中单击阀盖任一表面以选中它，也可以在"类选择"对话框的"对象"选项组中单击"全选"按钮⊞以选中整个模型。

📖 知识点拨：

"对象显示"命令的功能是修改对象的图层、颜色、样式、宽度、栅格数量、透明度、着色和分析显示状态。该命令对应的快捷键为〈Ctrl + J〉。

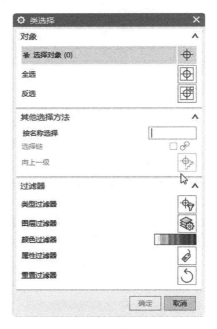

图 1-21　正三轴测图　　　　　　图 1-22　"类选择"对话框

接着在"类选择"对话框中单击"确定"按钮，系统弹出"编辑对象显示"对话框，在"常规"选项卡的"基本符号"选项组中单击"颜色"按钮图标（见图 1-23），系统弹出"颜色"对话框，如图 1-24 所示，从中选择"Medium Sky"颜色（颜色 ID 为 32），单击"颜色"对话框中的"确定"按钮。

在"编辑对象显示"对话框中单击"确定"按钮，完成更改阀盖零件颜色的操作，此时模型显示效果如图 1-25 所示。

14）使用视图辐射式菜单更改模型的显示样式。在图形窗口的视图空白区域处按鼠标右键并保持约 1 秒钟，打开一个视图辐射式菜单（或称"视图辐射式命令列表"），如图 1-26 所示。保持按住鼠标右键的情况下将鼠标十字瞄准器移至"带有淡化边的线框"按钮⬜

处，如图 1-27 所示，此时释放鼠标右键即可选择此按钮选项，圆阀盖零件以带有淡化边的线框显示，效果如图 1-28 所示。

图 1-23 "编辑对象显示"对话框

图 1-24 "颜色"对话框

图 1-25 更改了阀盖零件的颜色

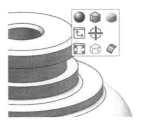

图 1-26 打开视图辐射式菜单

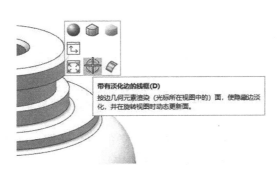

图 1-27 从视图辐射式菜单中选择选项

图 1-28 带有淡化边的线框显示

15）在上边框条"视图"工具条中的"渲染样式"下拉菜单中选择"着色"选项 ，如图 1-29 所示，则阀盖零件以"着色"渲染样式显示，如图 1-30 所示。可以从"渲染样式"下拉菜单中选择其他渲染显示样式选项来观察模型的显示情况，最后选择"带边着色"渲染样式。

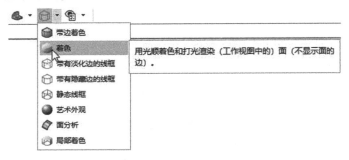

图 1-29　选择"着色"渲染显示样式

图 1-30　着色渲染样式显示

16）按〈F8〉键，改变当前视图到与当前视图方位最接近的平面视图，视图效果如图 1-31 所示。再按〈End〉键，视图改变方向到正等测视图。

知识点拨:

可以隐藏模型中的基准坐标系，其最快捷的方法是在导航区资源条上打开"部件导航器" ，接着在模型历史记录的根节点目录上单击基准坐标系（0）前面的"显示"标识 ，使其显示状态切换为"隐藏" ，如图 1-32 所示。

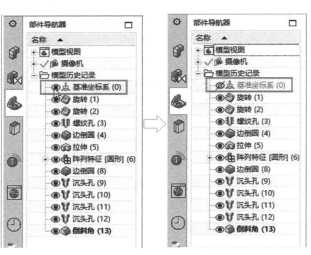

图 1-31　以最接近的平面视图显示

图 1-32　隐藏基准坐标系

17）使用定向视图下拉菜单来熟悉定向视图操作。在上边框条的"视图组"工具中打开"定向视图"下拉菜单，如图 1-33 所示，接着从该下拉菜单中选择所需要的一个定向视图选项来定向视图。例如选择"俯视图" ，则模型效果如图 1-34 所示。

图1-33 使用"视图组"的定向视图下拉菜单　　　　图1-34 俯视图

18）按〈End〉键以正等测图显示模型，模型视图显示如图1-35所示。

19）在"快速访问"工具栏中单击"保存"按钮■，或者选择"菜单"｜"文件"｜"保存"命令，保存已经修改的工作部件。

20）关闭文件。在图形窗口上方的文档选项卡中单击"项目任务1.阀盖.prt"对应的"关闭"按钮■。也可以在功能区中打开"文件"应用程序菜单，接着从"关闭"级联菜单中选择"所有部件"命令来关闭所有部件，如图1-36所示。用户应该要熟悉该"关闭"级联菜单中的所有与关闭相关的命令。

图1-35 以正等测图显示模型

图1-36 使用"关闭"级联菜单

四、 思考与实训

1）NX的操作界面由哪些要素组成？

2）可以采用哪几种方法来调整模型的视图视角？

3）NX 提供了哪些渲染显示样式？打开本任务案例，对每一个渲染显示样式进行应用操作并观察模型显示效果。

4）键盘上的〈Home〉键和〈End〉键对应的功能是什么？

5）关闭模型文档有哪些关闭命令？

项目任务二 ···· 二维草图绘制案例

学习目标 《

- 了解什么是草图，掌握两种方法来定义草图的平面和方位。
- 掌握二维草图的基本绘制工具命令。
- 掌握二维图形的综合绘制能力。

一、工作任务

项目要求：绘制图 1-37 所示的二维图形。

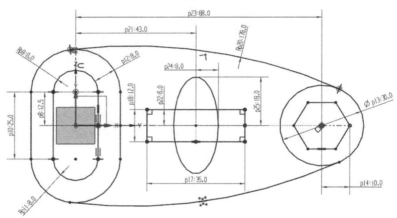

图 1-37　绘制二维图形

二、知识点

1. 草图概述

二维草图是三维建模的一个重要基础，所谓的草图是位于指定平面或路径上的 2D 曲线和点的命名集合。草图可用于绘制平面轮廓线或典型截面，可通过拉伸、旋转、扫掠草图以创建实体或曲面片体，可创建运动路径或间隙圆弧等构造几何体而不仅是定义某个部件特征，可以创建有成百上千个草图曲线的大型 2D 概念布局等。从草图创建的特征与草图相关联，如果更改草图则特征也将随之更改。

在 NX 中既可以基于平面绘制草图，也可以基于路径绘制草图，这其实是定义草图的平面和方位的两种方法。前者是在现有平面上构建草图，或在新草图平面/现有草图平面上构建草图；后者则是一种特定类型的受约束草图，可在目标路径上定义草图平面位置，以创建用于变化扫掠特征的轮廓。

创建草图的典型步骤为：①选择草图平面或路径；②选择约束识别和创建选项；③创建草图几何图形，系统可根据默认设置或用户设置，自动为草图创建若干约束；④添加、修改或删除约束；⑤根据设计意图修改尺寸参数；⑥单击"完成"按钮完成草图。

另外，允许在建模中直接创建草图。

2. NX 草图绘制与编辑工具

不管是在任务环境中绘制草图，还是在建模中直接创建草图，其过程都是差不多的，只是直接草图在建模中会减少一些鼠标点击，简化了草图平面的选定过程等。

在功能区"主页"选项卡的"直接草图"面板中单击"草图"按钮，弹出图 1-38 所示的"创建草图"对话框，默认草图类型为"在平面上"，接着选择平面方法为"自动判断"或"新平面"，这里默认选择"自动判断"，参考为"水平"等，默认以 XY 平面作为草图平面，单击"确定"按钮，进入直接草图模式。此时功能区"主页"选项卡出现一个"直接草图"面板，上面提供的草图绘制与编辑工具命令的功能含义主要见表 1-4。

图 1-38　"创建草图"对话框

表 1-4　主要的草图工具命令

序　号	名　称	图　标	功　能　含　义
1	完成草图	▨	完成绘制草图，即停用活动草图，其对应的快捷键为〈Ctrl + Q〉
2	轮廓	⌐	以线串模式创建一系列连接的直线和/或圆弧，也就是说，上一条曲线的终点变成下一条曲线的起点
3	矩形	▭	使用三种方法中的一种创建矩形
4	直线	╱	用约束自动判断创建直线
5	圆弧	⌒	通过三点或通过指定其中心和端点创建圆弧
6	圆	○	通过三点或通过指定其中心和直径创建圆
7	点	＋	创建草图点
8	倒斜角	⌐	对两条草图线之间的尖角进行倒斜角
9	圆角	⌐	在两或三条曲线之间创建圆角
10	快速修剪	✕	以任一方向将曲线修剪至最近的交点或选定的曲线

（续）

序 号	名 称	图 标	功 能 含 义
11	快速延伸		将曲线延伸至另一条邻近曲线或选定的曲线
12	制作拐角		延伸或修剪两条曲线以制作拐角
13	修剪配方曲线		相关地按选定的边界修剪投影或相交配方曲线
14	移动曲线		移动一组曲线并调整相邻曲线以适应
15	偏置移动曲线		按指定的偏置距离移动一组曲线，并调整相邻曲线以适应
16	缩放曲线		缩放一组曲线并调整相邻曲线以适应
17	调整曲线尺寸		通过更改半径或直径调整一组曲线的尺寸，并调整相邻曲线以适应
18	调整倒斜角曲线尺寸		调整一个或多个对称倒斜角的尺寸
19	删除曲线		删除一组曲线并调整相邻曲线以适应
20	艺术样条		通过拖动定义点或极点并在定义点指派斜率或曲率约束，动态创建和编辑样条
21	多边形		创建具有指定边数的多边形
22	椭圆		根据中心点和尺寸创建椭圆
23	二次曲线		创建通过指定点的二次曲线
24	偏置曲线		偏置位于草图平面上的曲线链
25	阵列曲线		阵列位于草图平面上的曲线链
26	镜像曲线		创建位于草图平面上的曲线链的镜像图样
27	交点		在曲线和草图平面之间创建一个交点
28	相交曲线		在面和草图平面之间创建相交曲线
29	投影曲线		沿草图平面的法向将草图外部曲线、边或点投影到草图上
30	派生曲线		在两条平行直线中间创建一条与另一条直线平行的直线，或在两条不平行直线之间创建一条平分线
31	优化2D曲线		优化2D线框几何体
32	添加现有曲线		将现有的共面曲线和点添加到草图中

　　草图都是由基本的图元/图线经过一定的组合而形成的。先绘制好基本的图元/图线，接着使用编辑工具对这些基本图元/图线进行编辑处理，再添加合适的尺寸和几何约束。

　　3. 尺寸约束

　　草图尺寸有3种类型，分别为驱动尺寸、自动尺寸和参考尺寸。其中驱动尺寸用来控制草图中的设计意图，它们会驱动草图的位置、形状和尺寸，每个驱动尺寸都会创建一个可编辑的表达式，如图1-39a所示；自动尺寸会显示哪里尚未添加设计意图，在默认情况下，NX会在设计草图期间创建自动尺寸，如图1-39b所示，如果用户添加设计意图，那么NX会自动删除冗余的自动标注尺寸，用户可以将所需要的自动尺寸转换为驱动尺寸；参考尺寸仅显示信息，它们不会约束草图，可以使用任意尺寸命令中的"参考"选项来创建参考尺寸。

图1-39　驱动尺寸与自动尺寸
a）驱动尺寸　b）自动尺寸

NX 提供的尺寸工具命令见表1-5，每个尺寸命令均支持一系列相关的测量方法。

表1-5　NX 尺寸工具命令

序　　号	尺寸命令	按　　钮	功能描述	测量方法
1	快速标注		为选定的一或两个对象间创建尺寸约束，该命令会根据选定的对象自动判断这些测量类型中的一种，或者可由用户显式选择其中一种尺寸测量方法	水平、竖直、点到点、垂直、圆柱坐标系、角度、径向和直径
2	线性尺寸		使用其中一种尺寸测量方法在选定的对象间创建尺寸约束	水平、竖直、点到点、垂直、圆柱坐标系
3	半径尺寸		在选定的圆弧或圆上创建一个径向或直径尺寸约束	径向、直径
4	角度尺寸		在选定的两条线间创建一个角度尺寸约束	不能将该测量方法改为其他类型
5	周长尺寸		创建一个表达式以控制选定的一组直线和圆弧的总长度	不能将该测量方法改为其他类型

此外，与尺寸相关的几个草图工具需要掌握，它们的功能含义如下。

⊙"自动尺寸"按钮 🔧：根据设置的规则在曲线上自动创建尺寸。

⊙"连续自动标注尺寸"按钮 📏：在曲线构造过程中启用自动标注尺寸。

⊙"自动判断约束与尺寸"按钮 📐：控制在曲线构造过程中自动判断哪些约束或尺寸。

4. 几何约束

几何约束主要包括重合、点在曲线上、相切、平行、垂直、水平、竖直、水平对齐、竖直对齐、中点、共线、同心、等长、等半径、固定、完全固定、定角、定长、点在线串上、与线串相切、垂直于线串、非均匀比例、均匀比例和曲线的斜率。

要创建几何约束，则单击"几何约束"按钮 🔗，弹出图1-40 所示的"几何约束"对话框，接着在"约束"列表中选择所需要的几何约束（如果该列表中没有显示所需的几何约束图标，则可以在"几何约束"对话框的"设置"选项组中设置要启用的几何约束即可），然后选择要约束的对象（有些约束类型可选择多个对象作为要约束的对象），如果勾选"自动选择递进"复选框，则无须单击鼠标中键即可前进到"选择要约束到的对象"选项以快速选择要约束到的对象。

如果要在曲线构造期间创建自动判断约束，那么需要确保启用"创建自动判断约束"图标选项 📐（在默认情况下，此图标选项是启用的），并且事先在"自动判断约束和尺寸"对话框中选中要自动判断和施加的几何约束。要打开"自动判断约束和尺寸"对话框，则单击"自动判断约束与尺寸"按钮 📐，弹出图1-41 所示的"自动判断约束和尺寸"对话框，从中设置要自动判断和施加的约束，绘制草图时自动判断尺寸为"为键入的值创建尺寸"，以及指定自动标注尺寸规则，然后单击"确定"按钮。

以下几个草图工具按钮要了解和掌握。

⊙"设为对称"按钮 🔳：将两个点或曲线约束为相对于草图上的对称线对称。

⊙"自动约束"按钮 ⚡：设置自动施加于草图的几何约束类型。

○ "备选解"按钮 ：备选尺寸或几何约束解。

○ "转换至/自参考对象"按钮 ：将草图曲线或草图尺寸从活动转换为参考，或者从参考转换为活动。下游命令不使用参考曲线，并且参考尺寸不控制草图几何体。

图 1-40 "几何约束"对话框　　　图 1-41 "自动判断约束和尺寸"对话框

5. 约束条件

初学者要了解约束条件的知识。如果在启用"创建自动判断约束"选项的情况下，NX会在约束草图时检测表 1-6 所示的约束条件之一。

表 1-6 约束草图时检测约束条件表

序　号	约束条件	内　容	备　注
1	欠约束的几何对象	如果没有足够的约束或尺寸，NX 将在默认情况下添加自动创建的尺寸，用来标注需要更多信息的位置	系统会通过状态消息的方式通知用户：草图何时受到完全约束，或使用了多少自动标注尺寸来完全约束草图
2	过约束的几何对象	草图过约束是指应用的约束数量超出控制草图所需的数量	此时，系统会以设定的颜色标识那些过约束的几何体及其关联的尺寸
3	冲突的约束	应用约束时，有时可能会彼此冲突；冲突约束及关联的几何体会以过约束对象颜色显示，而 NX 会显示上一次解算条件下的草图	要修复冲突约束，可使用关系浏览器命令

6. 重新附着

在绘制草图的过程中，如果设计发生了变更，可以将草图重新附着到另一个平的面、基准平面或路径，或者更改草图方位。要执行该功能，则在草图绘制或编辑状态下，单击

"重新附着"按钮，弹出图1-42所示的"重新附着草图"对话框，接着利用该对话框进行相关操作即可。例如，利用"重新附着"功能，可以将一个原本在侧面绘制的草图更改到顶面上，如图1-43所示。

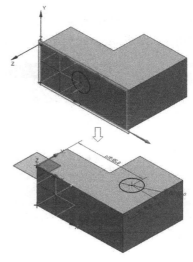

图1-42 "重新附着草图"对话框　　　　图1-43 重新附着

三、任务实施步骤

本项目任务的实施步骤如下。

1）在计算机桌面视窗上双击"NX快捷方式"图标，启动NX软件。

2）在"快速访问"工具栏中单击"新建"按钮，弹出"新建"对话框，切换至"模型"选项卡，确保从"单位"下拉列表框中选择"毫米"，从模板列表中选择名称为"模型"、类型为"建模"的模板，接着指定新文件名和要保存到的文件夹，如图1-44所示

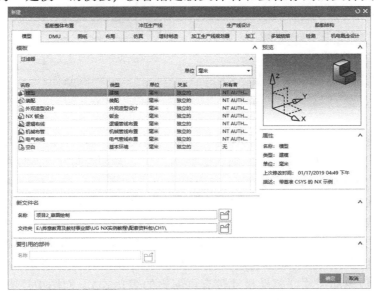

图1-44 "新建"对话框

示，然后单击"确定"按钮。

3）在功能区"主页"选项卡的"直接草图"面板中单击"草图"按钮 ✏️，弹出"创建草图"对话框，从"类型"下拉列表框中选择"在平面上"，接着从"平面方法"下拉列表框中选择"自动判断"，默认参考选项为"水平"，原点方法为"指定点"，选择 YZ 平面，如图 1-45 所示，然后单击"确定"按钮。

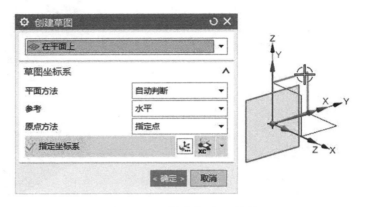

图 1-45　"创建草图"对话框

4）在"直接草图"面板中单击"轮廓"按钮 ᒣ，弹出图 1-46 所示的"轮廓"对话框。先在"轮廓"对话框的"对象类型"选项组中单击"直线"按钮 ╱，输入模式为"坐标" XY，在屏显坐标栏中输入 XC 值为"8"，按〈Tab〉键切换至"YC"框，输入 YC 值为"0"，如图 1-47 所示，按〈Enter〉键确认输入。

图 1-46　"轮廓"对话框

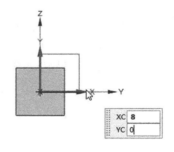

图 1-47　输入起点坐标

"轮廓"对话框的输入模式自动切换至"参数"模式 ⿴，输入长度为"12.5"，如图 1-48 所示，按〈Enter〉键，再按〈Enter〉确认角度为"90"，从而绘制好一条竖直的直线段。

在"轮廓"对话框的"对象类型"选项组中单击"圆弧"按钮 ⌒，输入模式为"参数"模式 ⿴，输入半径为"8"，按〈Tab〉键，接着确保扫掠角度为"180"，如图 1-49 所示，单击鼠标左键确认。

使用同样的方法，分别绘制直线、圆弧和直线来形成一个闭合的跑道型图形，单击"轮廓"对话框上的"关闭"按钮 ✕，绘制的跑道型图形如图 1-50 所示。从图中可以看出确认的尺寸会变成驱动尺寸（驱动尺寸带有可编辑的表达式），而图中还有两个自动尺寸。可以通过添加几何约束的方式来移除这两个自动尺寸。

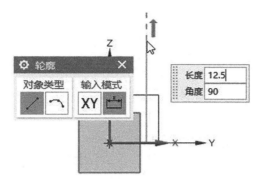

图1-48　以参数模式指定第2点

图1-49　绘制圆弧段

5）施加几何约束。在"直接草图"面板中单击"更多" | "几何约束"按钮，弹出"几何约束"对话框，单击"点在曲线上"按钮，勾选"自动选择递进"复选框，先选择上方圆弧的圆心，接着选择坐标系的Y轴，从而将该圆心约束在Y轴上；同样地，选择右侧第一条线段的起点，接着选择坐标系的X轴，从而将该起点约束在X轴上，如图1-51所示，此时自动尺寸没有了。

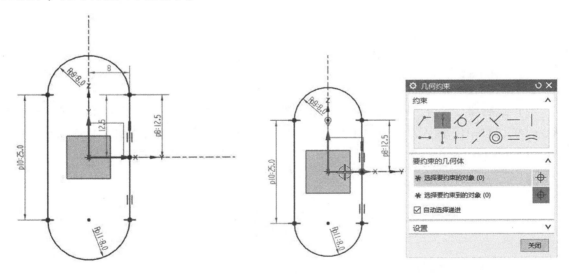

图1-50　绘制的跑道型图形

图1-51　添加几何约束

在"几何约束"对话框中单击"关闭"按钮。

6）单击"偏置曲线"按钮，弹出"偏置曲线"对话框，在"偏置"选项组的"距离"框中设置偏移"距离"为"8mm"，勾选"创建尺寸"复选框，取消勾选"对称偏置"复选框，设置"副本数"为1，"端盖选项"为"延伸端盖"或"圆弧帽端盖"均可，而在"链连续性和终点约束"选项组和"设置"选项组均没有勾选相关的复选框，如图1-52所示。在上边框条的"曲线规则"下拉列表框中选择"相连曲线"或"相切曲线"，接着单击已有曲线，默认向外延伸，如图1-53所示，然后单击"偏置曲线"对话框的"确定"按钮。

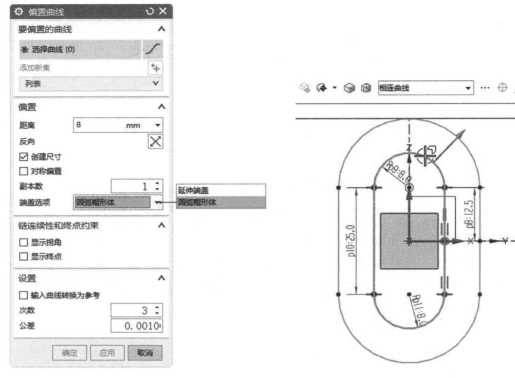

图 1-52 "偏置曲线"对话框   图 1-53 偏置曲线

7）绘制圆。单击"圆"按钮○，弹出图 1-54 所示的"圆"对话框，指定圆心坐标为 XC＝90，YC＝0，输入直径为"30"，关闭"圆"对话框，绘制的该圆如图 1-55 所示。

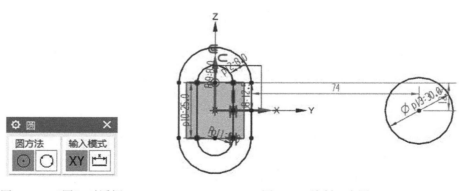

图 1-54 "圆"对话框   图 1-55 绘制一个圆

8）绘制一个正六边形。单击"多边形"按钮○，弹出"多边形"对话框，设置多边形的"边数"为"6"，从"中心点"选项组的下拉列表框中选择"圆弧中心/椭圆中心/球心"图标选项⊙，如图 1-56 所示，接着单击刚绘制好的圆以获取其圆心位置。在"大小"选项组的"大小"下拉列表框中选择"外接圆半径"选项，设置其"半径"值为"10mm"，并锁定该半径值，设置其旋转角度为 0°，并锁定，然后单击"关闭"按钮。结果如图 1-57 所示。

图 1-56　"多边形"对话框

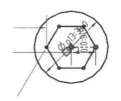

图 1-57　绘制一个正六边形

9）绘制相切圆弧。单击"圆弧"按钮 ，打开图 1-58 所示的"圆弧"对话框。以三点方式绘制图 1-59 所示的一条圆弧。

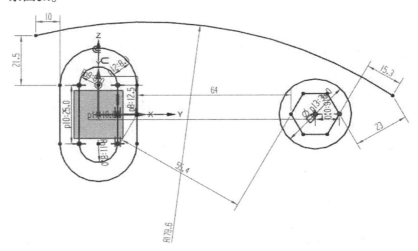

图 1-58　"圆弧"对话框

图 1-59　绘制圆弧

10）添加相切约束。在"直接草图"面板中单击"更多" | "几何约束"按钮，弹出"几何约束"对话框，在"约束"列表中单击"相切"按钮，确保勾选"自动选择递进"复选框，选择刚绘制的圆弧，再选择外侧跑道型图形的上圆弧段，从而使这两个圆弧相切，接着分别选择刚绘制的圆弧与右侧的圆，使得该圆弧与选定圆相切。

另外，在"几何约束"对话框的"约束"列表中单击"点在曲线上"按钮，选择右侧圆弧的圆心，再选择坐标系的 X 轴，从而将圆心约束在 X 轴上，在"几何约束"对话框中单击"关闭"按钮。

此时图形如图 1-60 所示。

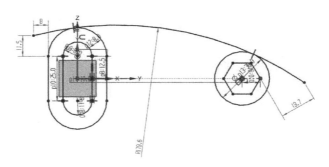

图 1-60　添加相关的几何约束

11）镜像图形。单击"镜像曲线"按钮🗡，弹出图 1-61 所示的"镜像曲线"对话框，在"设置"选项组中勾选"中心线转换为参考"复选框。将选择之前绘制的一条长圆弧作为要镜像的曲线，在"中心线"选项组中单击"中心线"选择按钮⊕（也可以直接单击鼠标中键快速切换至选择中心线的状态），选择坐标系的 X 轴作为镜像中心线，然后单击"确定"按钮，镜像结果如图 1-62 所示。

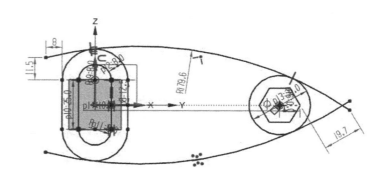

图 1-61　"镜像曲线"对话框

图 1-62　镜像曲线

12）修剪图形。单击"快速修剪"按钮✕，弹出"快速修剪"对话框，选择要修剪的曲线段以获得图 1-63 所示的图形，单击"关闭"按钮，关闭"快速修剪"对话框，修剪后的图形如图 1-64 所示。

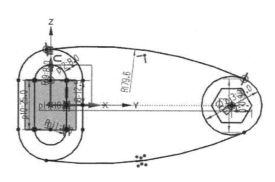

图 1-63　"快速修剪"对话框

图 1-64　修剪后图形

13）绘制一个椭圆。单击"椭圆"按钮○，弹出"椭圆"对话框，分别设置"大半径"为"8mm"，"小半径"为"18mm"，在"限制"选项组中确保勾选"封闭"复选框，旋转"角度"为"0°"，如图1-65所示。在"中心"选项组中单击"点构造器"按钮⊡，弹出"点"对话框，在"坐标"选项组的"参考"下拉列表框中选择"绝对坐标系 – 工作部件"，分别设置X＝0，Y＝43，Z＝0，如图1-66所示，单击"确定"按钮。

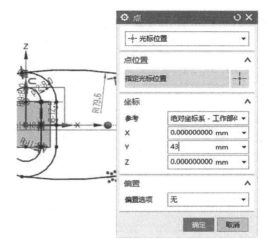

图1-65 "椭圆"对话框　　　　　图1-66 使用"点"对话框

然后在"椭圆"对话框中单击"确定"按钮，完成绘制的椭圆如图1-67所示。

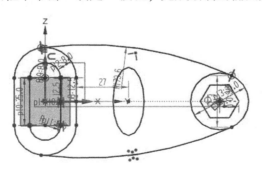

图1-67 绘制一个椭圆

14）绘制一个矩形。单击"矩形"按钮□，弹出图1-68所示的"矩形"对话框，在"矩形方法"选项组中选中"从中心"按钮▤，确保在上边框条的"选择组"工具条中选中"圆弧中心"图标◉，接着在图形窗口中选择椭圆中心作为矩形的中心点，如图1-69所示。

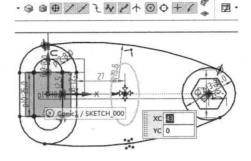

图 1-68　"矩形"对话框　　　图 1-69　选择椭圆中心作为矩形的中心

在屏显对话框中分别设定"宽度"为"35"、"高度"为"12"和"角度"为"0"，如图 1-70 所示，然后按〈Enter〉键确认，关闭"矩形"对话框。结果如图 1-71 所示。

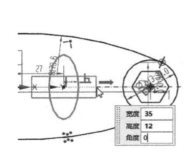 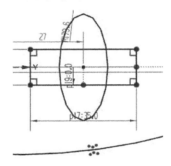

图 1-70　设定矩形宽度、高度和角度　　　图 1-71　绘制一个矩形

15）编辑尺寸。通过双击大圆弧的半径尺寸，弹出"径向尺寸"对话框，将该半径尺寸修改为"178mm"，如图 1-72 所示，然后单击"关闭"按钮。

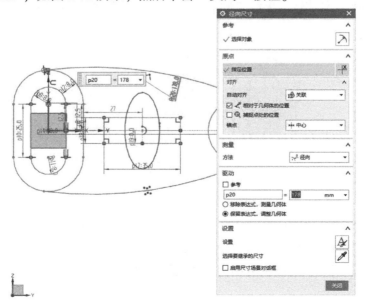

图 1-72　修改径向尺寸

16）标注尺寸。单击"快速尺寸"按钮 ↦⚡ᵐᵃˣ，弹出图1-73所示的"快速尺寸"对话框，在图形中分别标注一些线性尺寸，如图1-74所示。

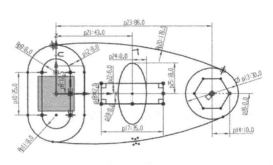

图1-73 "快速尺寸"对话框   图1-74 标注尺寸

17）可以将数值为"0"的角度尺寸删除，并单击"几何约束"按钮 ⟋⟍ 打开"几何约束"对话框，使用"水平"约束——来分别为正六边形和矩形的一条边添加水平约束，结果如图1-75所示。

18）单击"完成草图"按钮 🏁，完成的草图如图1-76所示。

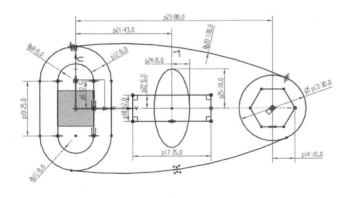

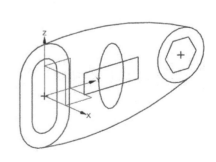

图1-75 添加水平约束   图1-76 完成草图

19）在"快速访问"工具栏中单击"保存"按钮 🖫，保存文件。

四、 思考与实训

1）思考并总结草图绘制过程。

2）如果要在草图中使用参考曲线来约束对象，那么如何将已有草图曲线变成参考曲线?

3）如果过度约束草图或遇到冲突约束状态，那么应该如何处理以解决问题？

4）上机练习：绘制图 1-77 所示的草图。

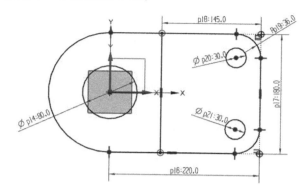

图 1-77　上机练习 1

5）上机练习：绘制图 1-78 所示的草图。

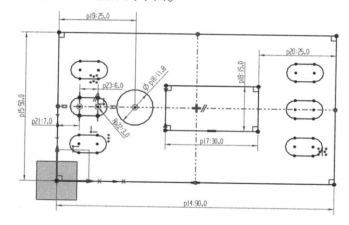

图 1-78　上机练习 2

6）上机练习：绘制图 1-79 所示的草图。

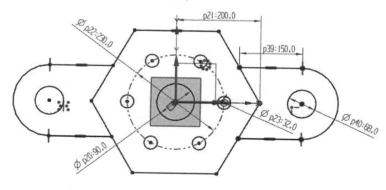

图 1-79　上机练习 3

第2章 NX 曲线设计

 本章导读

UG NX 具有强大的曲线（线框）设计功能，这里的曲线不同于草图里的平面曲线，它是单独的特征对象。NX 的曲线工具包括基本曲线工具、派生曲线工具和编辑曲线工具等。

本章以两个项目任务为主线，介绍如何应用 NX 曲线工具来创建项目所需的空间曲线。

项目任务一 ···· **NX 三通管部分空间曲线**

 学习目标

- 掌握 NX 基本曲线的绘制方法。
- 掌握 NX 一些派生曲线的绘制方法与步骤。
- 了解 NX 编辑曲线的常用工具。

一、 工作任务

本项目工作任务为设计某个三通管的部分空间曲线（见图 2-1），这些空间曲线将用于设计三通管的部分曲面。

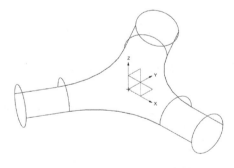

图 2-1　三通管的部分空间曲线

二、 知识点

在 NX 建模模块的功能区提供有"曲线"选项卡，该选项卡上包含"曲线"面板、"派生曲线"面板和"编辑曲线"面板，如图 2-2 所示。本项目任务的知识点基本都位于该选项卡上。

图 2-2 功能区"曲线"选项卡

1. 曲线（基本曲线）

基本曲线主要包括点、点集、参考点云、直线、圆弧/圆、艺术样条、螺旋、文本、曲面上的曲线、一般二次曲线、规律曲线、拟合曲线、脊线、优化 2D 曲线、抛物线、双曲线等。表 2-1 为基本曲线工具一览表。在项目任务一的案例中，主要应用到"圆弧/圆""直线"这两个基本曲线工具。其他的基本曲线工具，读者也要认真学习以掌握其应用知识。

表 2-1 基本曲线工具一览表

序　号	命　令	图　标	功　能　含　义
1	点	╀	创建点
2	点集	⁺₊₊	使用现有几何体创建点集
3	参考点云	☁	根据点数据文件引用创建参考点云
4	直线	╱	创建直线（生产线）特征
5	圆弧/圆	⌒	创建圆弧和圆特征
6	艺术样条	╱	通过拖动定义点或极点并在定义点指派斜率或曲率约束，动态创建和编辑样条
7	螺旋	⬮	创建具有指定圈数、螺距、半径或直径、转向及方位的螺旋
8	文本	A	通过（以指定的字体）读取文本字符串并生成线条和样条作为字符外形，创建文本作为设计元素
9	曲面上的曲线	⬭	在面上直接创建曲面样条特征
10	一般二次曲线	⌒	通过使用各种二次方法或一般二次方法创建二次截面
11	规律曲线	ₓᵧᵤ	通过使用规律函数（如常数、线性、三次和方程）来创建样条
12	拟合曲线	⬚	创建样条、直线、圆或椭圆，方法是将其拟合到指定的数据点
13	脊线	✕	创建经过起点并垂直于一系列指定平面的曲线
14	优化 2D 曲线	✕	优化 2D 线框几何体
15	抛物线	E	创建具有指定边点和尺寸的抛物线
16	双曲线	✕	创建具有指定顶点和尺寸的双曲线

2. 派生曲线

派生曲线主要包括偏置曲线、投影曲线、相交曲线、桥接曲线、在面上偏置曲线、复合曲线、偏置 3D 曲线、等参数曲线、等斜度曲线、截面曲线、组合投影、镜像曲线、缩放曲线、缠绕/展开曲线、圆形圆角曲线、简化曲线、抽取虚拟曲线等。表 2-2 为派生曲线的创建工具一览表。

表 2-2　派生曲线工具一览表

序 号	命 令	图 标	功 能 含 义
1	偏置曲线		偏置曲线链
2	投影曲线		将曲线、边或点投影至面或平面
3	相交曲线		创建两个对象集之间的相交曲线
4	桥接曲线		创建两个对象之间的相切圆角曲线
5	在面上偏置曲线		沿曲线所在的面偏置曲线
6	复合曲线		创建其他曲线或边的关联复制
7	偏置 3D 曲线		垂直于参考方向偏置 3D 曲线
8	等参数曲线		沿着给定的 U/V 线方向在面上生成曲线
9	等斜度曲线		在拔模角恒定的面上创建曲线
10	截面曲线		通过将平面与体、面或曲线相交来创建曲线或点
11	组合投影		组合两个现有曲线链的投影交集以新建曲线
12	镜像曲线		通过镜像平面基于曲线创建镜像曲线
13	缩放曲线		缩放曲线、边或点
14	缠绕/展开曲线		将平面上的曲线缠绕到可展开面上，或者将可展开面上的曲线展开到平面上
15	圆形圆角曲线		创建两个曲线链之间具有指定方向的圆形圆角曲线
16	简化曲线		从曲线链创建一串最佳拟合直线和圆弧
17	抽取虚拟曲线		由面的旋转轴、倒圆中心线、虚拟交线以及管中心线创建曲线

　　案例中应用到了桥接曲线。使用"桥接曲线"命令可以创建通过可选光顺性约束连接两个对象的曲线，跨基准平面创建对称的桥接曲线。

3. 编辑曲线

　　编辑曲线的工具见表 2-3。虽然在案例中没有涉及这些编辑曲线工具的应用，但也将它们列入本案例要掌握的知识点。另外，"编辑"菜单中的一些命令也常用来编辑曲线，如"移动对象"命令，它用于移动或旋转选定的对象。

表 2-3　编辑曲线工具一览表

序 号	命 令	图 标	功 能 含 义
1	修剪曲线		按选定的边界对象修剪、延伸或分割曲线，可以指定修剪过的曲线与其输入参数相关联
2	曲线长度		在曲线的每一端延长或缩短一段长度，或使其达到某个曲线总长
3	X 型		编辑样条和曲面的极点和点
4	光顺曲线串		从各种曲线创建连续截面
5	光顺样条		通过最小化曲率值或曲率变化来去除样条中的小缺陷
6	模板成型		变换样条的当前形状以匹配模板样条的形状特性。
7	分割曲线		将一条曲线分为多段
8	编辑曲线参数		编辑大多数类型曲线和点的参数

三、任务实施步骤

本项目任务的实施步骤如下。

1）在计算机桌面视窗上双击"NX 快捷方式"图标 ，启动 NX 软件。

2）在"快速访问/快速启动"工具栏中单击"新建"按钮，弹出"新建"对话框，在"模型"选项卡的"模板"选项组中选择单位为"毫米"、名为"模型"的建模模板，在"新文件名"选项组中输入新文件名为"hy2_xm1"，在"文件夹"文本框右侧单击"浏览"按钮以指定项目模型文件要保存到的文件夹目录（自行确定），然后单击"确定"按钮。

3）绘制圆弧特征。在功能区中切换至"曲线"选项卡，从该选项卡的"曲线"面板中单击"圆弧/圆"按钮，弹出"圆弧/圆"对话框，其中圆弧/圆的创建类型有两种，一种是"三点画圆弧"，另一种是"从中心开始的圆弧/圆"，如图 2-3 所示。

在本例中，选择"从中心开始的圆弧/圆"类型，在"中点"选项组中设定点参考为"绝对坐标系"，单击"点构造器"按钮，弹出"点"对话框，坐标参考选项为"绝对坐标系 – 工作部件"，输入 X = 30、Y = 0、Z = 0，"偏置选项"为"无"，如图 2-4 所示，然后单击"确定"按钮。

图 2-3　"圆弧/圆"对话框

图 2-4　"点"对话框

在"圆弧/圆"对话框的"通过点"选项组中单击"点构造器"按钮，接着在"点"对话框中选中参考选项为"绝对坐标系 – 工作部件"，设定 X = 30、Y = 10、Z = 0，如图 2-5 所示，单击"确定"按钮。

图 2-5 设定通过点

在"支持平面"选项组的"平面选项"下拉列表框中选择"选择平面",从"平面"下拉列表框中选择"按某一距离"图标选项 ，在图形窗口中选择坐标系的 YZ 坐标面，设置"距离"为"30"，如图 2-6 所示；接着在"限制"选项组中取消勾选"整圆"复选框，设定"起始限制"为"在点上"，起始"角度"为"0°"，"终止限制"为"值"，终止"角度"为"180°"；在"设置"选项组中勾选"关联"复选框。然后单击"应用"按钮，完成第一条圆弧特征，如图 2-7 所示。

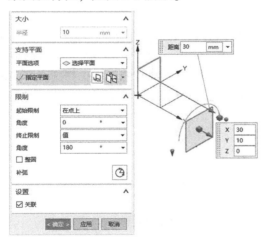

图 2-6 设定支持平面、限制条件等　　图 2-7 绘制第一个圆弧特征

4) 绘制圆特征。默认圆弧/圆的创建类型为"从中心开始的圆弧/圆"，在"中心点"选项组的"点参考"下拉列表框中选择"绝对坐标系"选项，单击"点构造器"按钮 ，利用弹出的"点"对话框设置中心点的绝对坐标系值为 X = 50、Y = 0、Z = 0，其"偏置选项"为"无"，单击"点"对话框的"确定"按钮。

在"通过点"选项组的"终点选项"下拉列表框中选择"直径"选项，在"大小"选项组的"直径"文本框中输入"直径"值为"20"。

在"支持平面"选项组的"平面选项"下拉列表框中选择"选择平面"，并采用"按某一距离"图标选项 ，选择 YZ 坐标面，设置偏移"距离"为"50mm"，在"限制"选项组勾选"整圆"复选框，在"设置"选项组中勾选"关联"复选框，如图 2-8 所示，然后单击"确定"按钮。

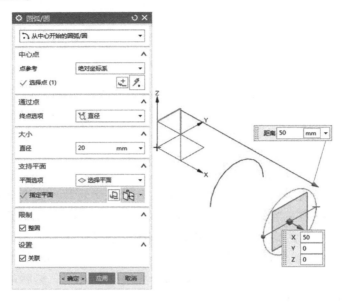

图 2-8　绘制圆特征的相关设置

5）创建直线特征。在功能区"曲线"选项卡的"曲线"面板中单击"直线"按钮 ，弹出图 2-9 所示的"直线"对话框。"起点选项"默认为"自动判断"，在图形窗口中选择圆的一个象限点，系统自动切换至终点选择状态，以自动判断的形式选择圆弧对应的一个端点，系统给出的默认平面选项和限制设置等如图 2-10 所示。然后单击"应用"按钮。

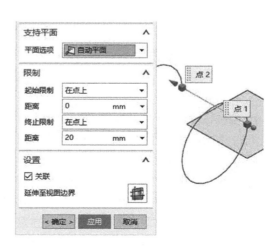

图 2-9　"直线"对话框　　　　　　　　图 2-10　选择两个点创建直线特征

✎ 操作技巧：

为了便于选择圆特征的象限点，可以在上边框条的"选择条"工具栏中选中"象限点"图标◈。在实际设计工作中，巧用"选择条"工具栏中的相关点捕捉图标按钮，如"圆弧中心"图标⊙、"端点"图标╱、"中点"图标╱、"控制点"图标乀、"交点"图标✛、"现有点"图标╋、"点在曲线上"图标╱、"面上的点"图标◈等，可以很直接明了地在图形中选择所需的各类点。

使用同样的方法，通过"直线"对话框分别选择起点和终点来创建其他的一个直线特征，如图2-11所示，最后单击"直线"对话框的"确定"按钮。

6）进行移动对象操作。按快捷键〈Ctrl + T〉，或者在上边框条中单击"菜单"按钮并选择"编辑" | "移动对象"命令，弹出图2-12所示的"移动对象"对话框。

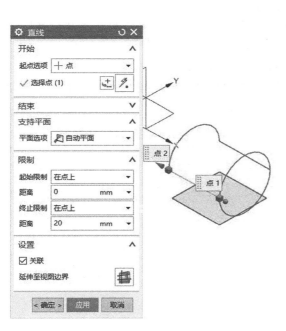

图 2-11　创建第二个直线特征

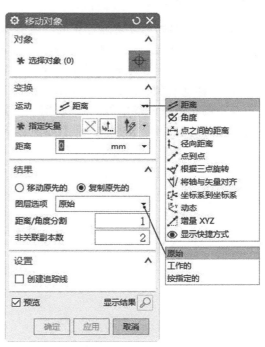

图 2-12　"移动对象"对话框

在"对象"选项组中确保选中"选择对象"按钮⊕，在图形窗口中分别选择圆特征、圆弧特征和两个直线特征，接着在"变换"选项组的"运动"下拉列表框中选择"角度"选项，指定矢量为"ZC轴"ᶻᶜ↑，单击"指定轴点"处的"点构造器"按钮⊞，利用弹出的"点"对话框设置轴点为"0，0，0"，单击"点"对话框返回到"移动对象"对话框后，在"变换"选项组中设定旋转"角度"为"120"，如图2-13所示。

在"结果"选项组中选择"复制原先的"单选按钮，在"图层选项"下拉列表框中选择"原始"，在"距离/角度分割"框中输入"1"，在"非关联副本数"框中输入"2"；在"设置"选项组取消勾选"创造追踪线"复选框，如图2-14所示。

图 2-13　设置角度变换的相关选项及参数　　　　图 2-14　设置结果选项及其参数等

知识点拨：

如果只是移动而没有在原先的位置处保留对象，那么可在"结果"选项组中选择"移动原先的"单选按钮；如果在移动操作时还要在原先位置处保留对象，那么在"结果"选项组中选择"复制原先的"单选按钮。

在"移动对象"对话框中单击"确定"按钮，操作结果如图 2-15 所示。

7）创建一条桥接曲线。在功能区"曲线"选项卡的"派生曲线"面板中单击"桥接曲线"按钮，打开"桥接曲线"对话框，如图 2-16 所示。

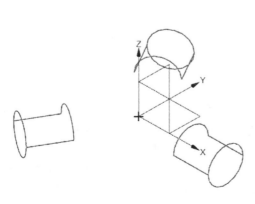

图 2-15　移动复制的操作结果　　　　　图 2-16　"桥接曲线"对话框

在"起始对象"选项组和"终止对象"选项组中均选择"截面"单选按钮，先确保"起始对象"选项组的"选择曲线"按钮 处于被选中的状态，如图 2-17 所示，单击鼠标中键自行切换至"终止对象"选项组的"选择曲线"状态，即该选项组的"选择曲线"按钮被选中了，也可以不通过单击鼠标中键而是在"终止对象"选项组中单击"选择曲线"按钮，选择图 2-18 所示的曲线。

图 2-17 选择起始曲线　　　　　　图 2-18 选择终止曲线

展开"连接"选项组，在"开始"选项卡的"连续性"下拉列表框中选择"G1（相切）"选项，在"位置"子选项组的"位置"下拉列表框中选择"弧长百分比"选项，设置"%值"为"0"，在"方向"子选项组中选择"相切"单选按钮，如图 2-19 所示。切换至"结束"选项卡，设置图 2-20 所示的连续性、位置和方向选项。

图 2-19 "开始"选项卡

图 2-20 "结束"选项卡

分别展开"半径约束"选项组、"形状控制"选项组和"设置"选项组，进行图 2-21 所示的选项及参数设置，然后单击"确定"按钮，完成创建图 2-22 所示的一条桥接曲线。

知识点拨：

在"形状控制"选项组中提供了多种形状控制方法，如"相切幅值""深度和歪斜度""二次曲线""模板曲线"。读者可以分别尝试不同的形状控制方法，并调节其参数以观察桥接曲线的形状变化状况，例如，选择"二次曲线"，设置"Rho"值为"0.5"或其他值，如图 2-23 所示。多尝试，有利于加深理解桥接曲线的各种形状控制方法，以便学以致用。

图 2-21　形状控制等设置

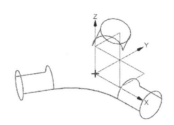

图 2-22　完成创建一条桥接曲线

8）创建其他两条桥接曲线。使用上述同样的方式，创建其他两条桥接曲线，如图 2-24 所示。在选择起始曲线或终止曲线时，如果发现曲线的方向不对，那么可以在相应的选项组中单击"反向"按钮⊠，以获得满足要求的桥接曲线。

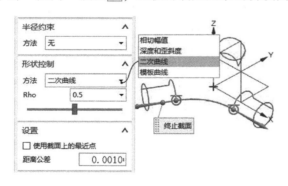

图 2-23　尝试其他形状控制方法

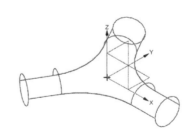

图 2-24　完成创建其他两条桥接曲线

9）保存文件。在保存文件之前，可以按〈End〉键快速以正等测图来显示线框模型。接着单击"保存"按钮📋，或者按〈Ctrl + S〉快捷键保存文件。

四、 思考与实训

1）什么是桥接曲线？如何创建桥接曲线？

2）如何创建一个直线特征？可举例说明。

3）创建圆弧/圆特征的类型有哪两种？

4）在创建一些曲线特征时，有什么办法将曲线特征约束在想要的平面上？

5）上机实训：绘制图 2-25 所示的空间曲线，参考模型文件可参看"hy2_ xm1_ ex5. prt"。参考的绘制思路是先创建一个圆特征，将该圆等分为 6 份，对该圆（相连曲线）进行"偏置曲线"操作，偏置曲线时采用"拔模"类型，注意设置合适的偏置高度、角度和副本数，接着创建艺术样条，再接着使用"移动对象"编辑命令绕轴旋转复制，最后创建相应的桥接曲线。

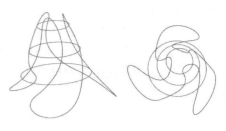

图 2-25　绘制相关的曲线（两个视角）

　**绘制五角星空间曲线**

　学习目标 《

- 掌握"在任务环境中绘制草图"的方法与思路。
- 复习和掌握绘制直线、圆弧特征的一般方法、步骤。
- 掌握修剪曲线的方法与步骤。
- 掌握隐藏和显示对象的一般方法和步骤。

一、工作任务

项目要求：绘制图 2-26 所示的五角星空间曲线。

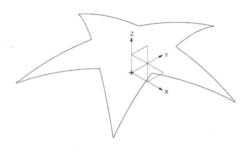

图 2-26　五角星空间曲线

二、知识点

1. 在任务环境中绘制曲线

在建模模块的功能区"曲线"选项卡中提供了一个"在任务环境中绘制"按钮🖉，使用该按钮可以在指定草绘平面后进入"草图"任务环境来创建草图，绘制的草图曲线属于平面曲线。在"草图"任务环境中绘制草图的相关工具的应用方法和直接草图相关工具的应用方法是相同或相似的，这里不再赘述。

2. 修剪曲线

使用"修剪曲线"按钮┼，可以修剪、延伸或分割曲线，可以指定修剪过的曲线与其输入参数相关联。可以修剪、延伸或分割的曲线对象有直线、圆弧、二次曲线和样条，而可以用作边界对象的有体、面、点、基准平面、曲线和边。

这里通过两个示例介绍"修剪曲线"命令的典型应用。

第一个示例是使用两个边界曲线对象修剪圆，以获得两个单独的圆弧段，如图 2-27 所示。具体操作步骤如下。

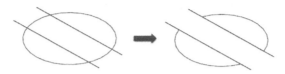

图 2-27　使用两个边界对象修剪圆

1）在功能区"曲线"选项卡的"编辑曲线"面板中单击"修剪曲线"按钮￫，弹出图 2-28 所示的"修剪曲线"对话框，此时，"要修剪的曲线"选项组中的"选择曲线"按钮⑯处于被选中的状态，选择要修剪的圆（可以选择圆的任意位置）。

2）在"边界对象"选项组的"对象类型"下拉列表框中选择"选定的对象"选项，接着选择其中一条直线作为边界对象，再选择另一条直线也作为边界对象，由于两条直线未连接，因此所选的两条曲线都将作为单独的集，如图 2-29 所示。

图 2-28　"修剪曲线"对话框

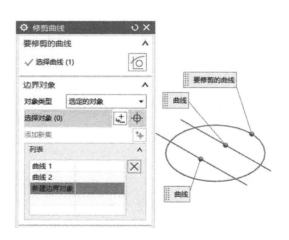

图 2-29　选择两条边界对象

3）在"修剪或分割"选项组的"操作"下拉列表框中选择"修剪"选项，从"方向"下拉列表框中选择"最短的 3D 距离"，单击"选择区域"按钮🖿，选择两个边界对象之间的两个圆弧段，并确保未选择任何其他曲线段，再选择"放弃"单选按钮，如图 2-30 所示。

操作点拨：

NX会将之前选择单击圆的那一段圆弧默认为选定的一个区域，如果发现该区域圆弧段不是所需要的，那么可以在按住〈Shift〉键的同时单击该圆弧段以将其取消。

4）在"设置"选项组中勾选"关联"复选框，从"输入曲线"下拉列表框中选择"隐藏"选项，勾选"将输入曲线设为虚线"复选框等，如图2-31所示。

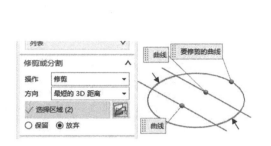

图2-30　指定要修剪掉的圆弧段　　　　图2-31　在"设置"选项组中设置

5）单击"确定"按钮，结果如图2-32所示，一个圆被修剪成单独的两部分。

第二个示例是修剪一组曲线，操作示意如图2-33所示。该示例具体操作步骤如下。

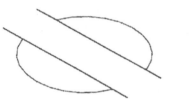

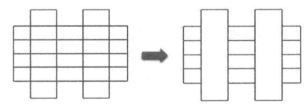

图2-32　修剪曲线的结果　　　　　　图2-33　修剪一组曲线

1）在功能区"曲线"选项卡的"编辑曲线"面板中单击"修剪曲线"按钮┼，弹出"修剪曲线"对话框，选择要修剪的第一条长的水平线性曲线（见图2-34），此时NX自动切换至"为修剪边界选择对象"状态，但是这里要修剪的曲线是五条长的水平线性曲线，因此再在"要修剪的曲线"选项组中单击"选择曲线"按钮 并选择第二条长的水平线性曲线，如此操作直到选择全部的五条长的水平线性曲线作为要修剪的对象为止，如图2-35所示。

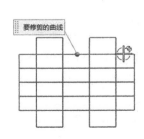

图2-34　选择要修剪的第一条线性曲线　　　　图2-35　选择五条要修剪的对象

2）在"边界对象"选项组的"对象类型"下拉列表框中选择"选定的对象"，单击"选择对象"按钮⊕，分别选择图 2-36 所示的 4 条竖直的线性曲线，每条曲线都自动添加为集。

3）在"修剪或分割"选项组中，从"操作"下拉列表框中选择"修剪"，从"方向"下拉列表框中选择"最短的 3D 距离"，选中"放弃"单选按钮，单击"选择区域"按钮，先按住〈Shift〉键分别单击 NX 默认的曲线段（区域段）以取消其选中状态，释放〈Shift〉键后再分别选择图 2-37 所示的 10 条水平线段。

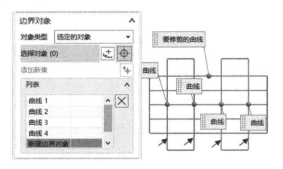

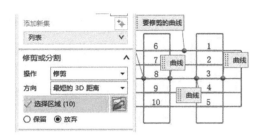

图 2-36　选择竖直的 4 条线性曲线作为边界对象　　　　图 2-37　确保选择所需的曲线段

4）在"设置"选项组中勾选"关联"复选框，从"输入曲线"下拉列表框中选择"隐藏"选项，其他设置选项如图 2-38 所示。

5）单击"应用"按钮或"确定"按钮，完成修剪曲线，结果如图 2-39 所示。

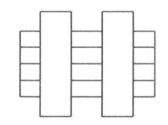

图 2-38　"设置"选项组　　　　　　　图 2-39　修剪一组曲线后的效果

三、　任务实施步骤

本项目任务的实施步骤如下。

1）启动 NX 软件后，在"快速访问"工具栏或功能区"主页"选项卡中单击"新建"按钮，弹出"新建"对话框，切换至"模型"选项卡，确保从"单位"下拉列表框中选择"毫米"，从模板列表中选择名称为"模型"、类型为"建模"的模板，接着自行指定新文件名和要保存到的文件夹，然后单击"确定"按钮。

2）绘制一个正五边形。在功能区中切换至"曲线"选项卡，单击"在任务环境中绘制"按钮，弹出"创建草图"对话框，如图 2-40 所示，默认草图类型为"在平面上"，

"平面方法"为"自动判断",默认的草图平面为 XY 坐标面,单击"确定"按钮,进入草图模式。

图 2-40 "创建草图"对话框及相关设置

单击"多边形"按钮 ⬡,弹出图 2-41 所示的"多边形"对话框,在"中心点"选项组中单击"点构造器"按钮 ⊞,弹出"点"对话框,从中设置图 2-42 所示的点位置坐标及相应的选项,单击"确定"按钮,返回到"多边形"对话框。

图 2-41 "多边形"对话框

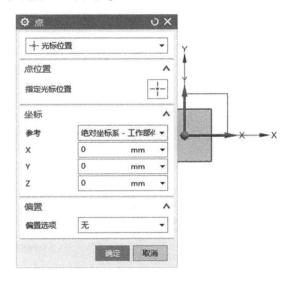

图 2-42 "点"对话框

在"多边形"对话框的"边"选项组中设置"边数"为"5",在"大小"选项组的"大小"下拉列表框中选择"外接圆半径",在"半径"框中设置半径为"100mm",在"旋转"框中输入"90"并按〈Enter〉键以确认旋转角度为 90°,如图 2-43 所示,单击"关闭"按钮。绘制的正五边形如图 2-44 所示。

单击"完成"按钮 ▦,完成一个草图,如图 2-45 所示。

3)绘制直线特征。在功能区"曲线"选项卡的"曲线"面板中单击"直线"按钮 ╱,弹出"直线"对话框。起点选项采用"自动判断"方式,选择五边形的一个顶点作为直线的起点,接着再以自动判断的方式选择五边形的另外一个顶点作为直线的终点,如图 2-46

所示，然后单击"应用"按钮以完成创建该直线特征。

图 2-43 设置五边形的大小参数等

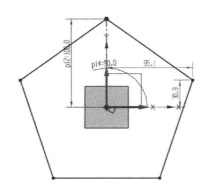

图 2-44 绘制正五边形

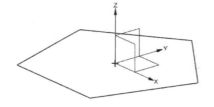

图 2-45 绘制一个草图

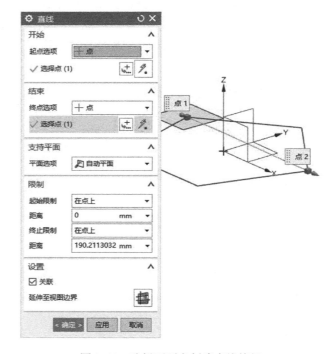

图 2-46 选择两顶点创建直线特征

　　在上边框条的"选择条"工具栏中确保选中"中点"按钮，而"直线"对话框的"开始"选项组中，起点选项为"自动判断"，选择刚绘制的直线的中点作为新直线特征的起点，接着在"结束"选项组的"终点选项"下拉列表框中选择"ZC 沿 ZC"选项，"支持平面"选项组的"平面选项"为"自动平面"；在"限制"选项组中，从"起点限制"下拉列表框中选择"在点上"选项，其"距离"值为"0mm"，从"终止限制"下拉列表框中选择"值"选项，输入其"距离"为"25mm"，如图 2-47 所示，并确保在"设置"选项组中勾选"关联"复选框，然后单击"确定"按钮。

4）移动复制对象。按〈Ctrl + T〉快捷键以快速启用"移动对象"命令，系统弹出"移动对象"对话框，选择沿 Z 轴的那条短直线作为要移动的对象。在"变换"选项组的"运动"下拉列表框中选择"角度"选项，从"指定矢量"下拉列表框中选择"ZC 轴"图标选项 ^{ZC}，在"指定轴点"一行单击"点构造器"按钮并利用弹出的"点"对话框来将一轴点定为（0，0，0），在"角度"框中输入旋转"角度"为"72°"；在"结果"选项组中选择"复制原先的"单选按钮，"图层选项"为"原始"，"距离/角度分割"值为"1"，"非关联副本数"值为"4"，如图 2-48 所示。

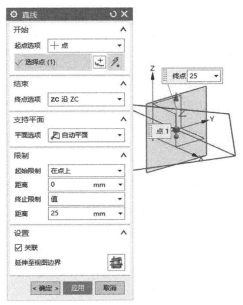

图 2-47　绘制第二直线特征

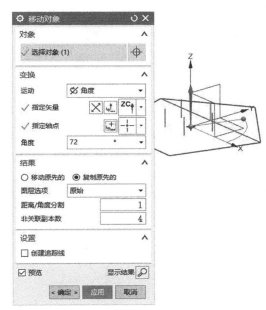

图 2-48　移动对象的相关设置

在"移动对象"对话框中单击"确定"按钮。

5）创建一个圆弧特征。在功能区"曲线"选项卡的"曲线"面板中单击"圆弧/圆"按钮，弹出"圆弧/圆"对话框，从"类型"下拉列表框中选择"三点画圆弧"选项，此时对话框提供"起点""端点""中点""大小""支持平面""限制"和"设置"选项组，如图 2-49 所示。

"起点选项"为"自动判断"，选择直线特征的一个端点作为圆弧起点，接着以"自动判断"的方式选择该直线特征的另一个端点作为圆弧的终点（端点），再以"自动判断"的中点选项方式选择"立"于该直线中点的线段的上端点作为圆弧中点，如图 2-50 所示。

在"限制"选项组中确保取消勾选"整圆"复选框，在"设置"选项组中勾选"关联"复选框，单击"应用"按钮，完成绘制第一个圆弧特征，如图 2-51 所示。

6）创建其他 4 个圆弧特征。使用同样的方法，通过"三点画圆弧"方式创建其他 4 个圆弧特征，结果如图 2-52 所示。

7）隐藏对象。在上边框条上单击"菜单"按钮 ☰ 菜单(M) ▼，选择"编辑" | "显示和隐藏" | "隐藏"命令（其对应的快捷键为〈Ctrl + B〉），系统弹出"类选择"对话框，

在图形窗口中通过使用鼠标分别单击对象的方式来选择将要隐藏的对象，一共 7 个对象，即一条长直线段、五条短线段和一个正五边形，如图 2-53 所示。

图 2-49　"圆弧/圆"对话框

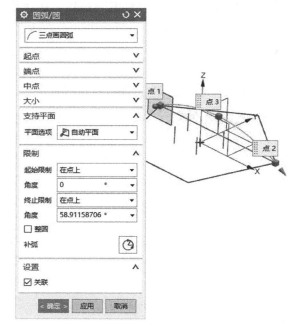

图 2-50　三点画圆弧

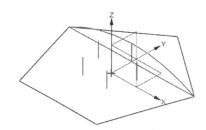

图 2-51　绘制第一圆弧

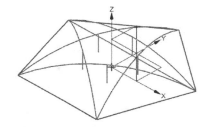

图 2-52　绘制其他 4 个圆弧特征

单击"类选择"对话框中的"确定"按钮，隐藏相关线条/曲线后的效果如图 2-54 所示。

如果还想将基准坐标系隐藏，那么可以在部件导航器的模型历史记录树中单击"基准坐标系（0）"节点前的"显示"状态图标 ◉，以将其切换为"隐藏"状态图标 ⊘，如图 2-55 所示。反之，若单击"隐藏"状态图标 ⊘ 则可将其状态切换至"显示"状态图标 ◉。

知识点拨：

在"菜单"|"编辑"|"显示和隐藏"级联菜单中除了提供"隐藏"命令之外，还提供了"显示和隐藏""立即隐藏""显示（快捷键为〈Ctrl + Shift + K〉）""显示所有此类型对象""全部显示（快捷键为〈Ctrl + Shift + U〉）""按名称显示""反转显示和隐藏"这些命令，用户可以根据需要灵活使用。

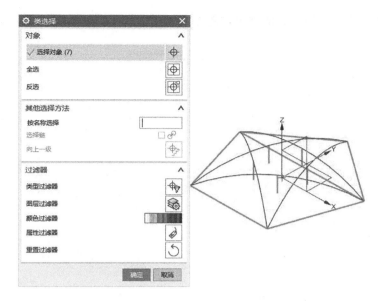

图 2-53 选择要隐藏的对象

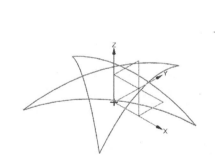

图 2-54 隐藏相关曲线后的效果

图 2-55 隐藏基准坐标系

8）修剪曲线。在功能区"曲线"选项卡的"编辑曲线"面板中单击"修剪曲线"按钮﹢，系统弹出"修剪曲线"对话框。

在图 2-56 所示的位置处单击以选择要修剪的曲线，在"边界对象"选项组的"对象类型"下拉列表框中选择"选定的对象"，接着分别选择图 2-57 所示的两条曲线作为边界对象。

在"修剪曲线"对话框的"修剪或分割"选项组中，从"操作"下拉列表框中选择"修剪"选项，从"方向"下拉列表框中选择"最

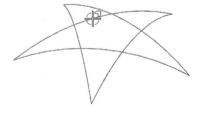

图 2-56 选择要修剪的曲线（注意单击位置）

短的 3D 距离"选项，选择"放弃"单选按钮，NX 默认以两边界曲线夹住的中间段为放弃区域。

在"设置"选项组中勾选"关联"复选框，从"输入曲线"下拉列表框中选择"隐藏"选项等，如图 2-58 所示，然后单击"应用"按钮，效果如图 2-59 所示。接下来使用同

样的方法修剪其他曲线，最终修剪结果如图 2-60 所示。

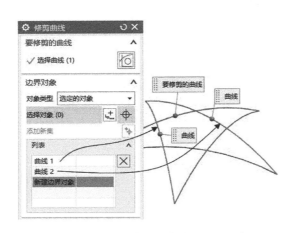

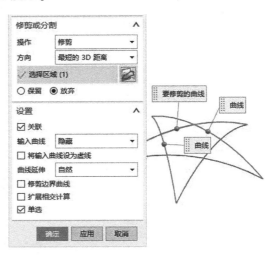

图 2-57　选择要修剪的曲线与边界对象　　　　图 2-58　设置修剪的相关选项

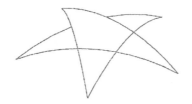

图 2-59　修剪曲线的结果　　　　　　图 2-60　修剪曲线的操作结果

✎ 操作技巧：

在此例选择边界对象时，可能不小心会将圆弧的圆心点选定为边界对象，为了避免这种情况，一定要在"边界对象"选项组的"列表"框内观察所选的边界对象是曲线还是点。如果不小心选择了点对象，那么可以在"列表"框中选择该点对象，然后单击"移除"按钮⊠将其移除，再重新选择所需的曲线作为边界对象。在选择圆弧对象时，可以将鼠标光标置于圆弧处，待光标下方出现 3 个点时单击鼠标左键，系统弹出"快速选取"对话框，该对话框列出了光标处的相关对象，从中选择圆弧即可，如图 2-62 所示。

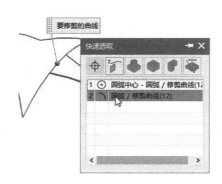

图 2-61　移除选错了的点对象　　　　图 2-62　利用"快速选取"对话框选择对象

9）保存文件。在"快速访问"工具栏中单击"保存"按钮🖫，保存文件。

四、思考与实训

1）如何隐藏图形对象？如何将隐藏的对象重新显示出来？

2）在修剪曲线时如何理解"保留"和"放弃"单选按钮的功能含义？如何操作才能更快地选定保留区域或放弃区域？

3）上机实训：在本项目任务二所完成的曲线中，使用功能区"曲线"选项卡的"派生曲线"面板中的"镜像曲线"按钮❀，以"相连曲线"方式选择要镜像的曲线，镜像平面为 XY 坐标面，镜像曲线的结果如图 2-63 所示，再使用"直线"工具绘制 5 条线段，效果如图 2-64 所示。

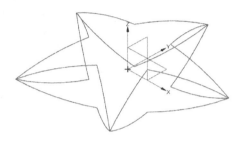
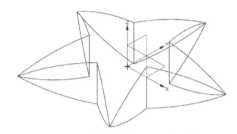

图 2-63　镜像曲线的结果　　　　　　图 2-64　绘制 5 条线段

4）上机实训：绘制图 2-65 所示的空间曲线，尺寸自行确定。

5）扩展练习：在平面上绘制文本曲线和一条二次曲线，尺寸自行确定，如图 2-66 所示。

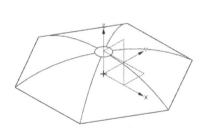
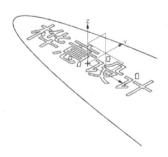

图 2-65　绘制空间曲线　　　　　　图 2-66　绘制文本曲线

第 3 章　NX 实体设计

本章导读

　　NX 具有强大的实体设计功能。本文介绍四个项目任务，让初学者通过项目范例学习
NX 实体设计功能。

| 项目任务一 | ···· **车床拨叉** |

　学习目标

- 熟悉 NX 实体设计流程。
- 掌握拉伸工具的应用。
- 掌握基准平面的应用。
- 掌握圆角工具的应用。
- 掌握布尔运算在实体中的应用。

一、　工作任务

　　要求：按照图 3-1 所示的工程图数据来为某车床拨叉进行三维实体建模。

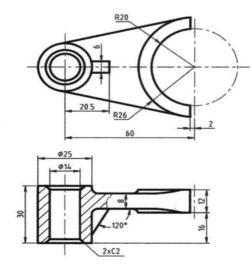

技术要求

1、未注明铸造圆角为R3。
2、铸造后滚抛毛刺。
3、材料为ZG45。

图 3-1　某车床拨叉

二、知识点

1. 实体特征及其创建方法、建模思路

在 NX 中，特征建模是指将特征添加到模型中以创建模型设计的过程，所添加的特征将在部件导航器中列出。特征包括所有的实体、片体、体、体素和某些线框对象。

按照特征的创建方式和应用特点来划分，可以将特征分为基准特征、设计特征、细节特征、关联复制特征、编辑特征等。其中设计特征包括拉伸特征、旋转特征、扫掠特征、体素特征（如块、圆柱、圆锥、球、孔、凸台、腔体、垫块、筋板、晶格、凸起、偏置凸起、键槽、槽、三角形加强筋、螺纹和用户定义特征等），细节特征包括边倒圆、面倒圆、样式倒圆、美学面倒圆、腔倒圆、圆角、桥接、拐角倒圆、样式拐角、球形拐角、倒斜角、拔模和拔模体等；关联复制特征包括图样特征、阵列面、阵列几何特征、镜像特征、镜像面、镜像几何体、抽取几何特征、提升体等。

创建实体的方法主要有以下两种。

* 一种是对草图和非草图几何体进行拉伸、旋转、扫掠等来创建关联的特征。这是最为常用的方法，也是比较自如的方法。

* 一种是利用体素工具（如长方体、圆柱体、球体、棱锥体等）创建基本构建块的体素，然后添加更多特定的特征（如孔、槽等）。使用体素创建实体简单快捷，会得出简单的几何体，但是体素修改起来不是那么随意，有时还较为困难。创建体素特征的基本步骤是选择希望创建的体素类型（如块、圆柱、球或圆锥等），接着选择创建方法，并输入创建值等。

建模思路或部件设计流程步骤如下。

1）首先新建文件。

2）定义建模策略，如首先构建哪些特征，决定最终部件是实体还是片体。对于大多数模型而言，首先是实体（实体提供体积和质量的明确定义）。

3）准备基准，如基准坐标系和基准平面，它们用于定位建模特征。

4）根据建模策略创建特征。例如，从拉伸、旋转或扫掠等设计特征开始定义基本形状（这些特征通常使用草图定义特征截面），继续添加其他特征来设计模型，最后添加倒斜角、边倒圆和拔模等细节特征，有些建模环节会比较灵活。

特征可以有父子关系，在部件导航器中选择某个特征时会显示该特征具有的父子关系（如果有的话）。

2. 基准特征

基准特征主要是为其他特征提供定位、参照的特征，基准特征包括基准平面、基准轴、基准坐标系、点、点集、参考点云和光栅图像。创建基准特征的方法比较简单，这里以创建基准轴为例，单击"基准轴"按钮 ✐ ，弹出图 3-2 所示的"基准轴"对话框，在"类型"下拉列表框中提供了 9 种创建类型，包括"自动判断""交点""曲线/面轴""曲线上矢量""XC 轴""YC 轴""ZC 轴""点和方向""两点"，选择不同的创建类型时，对话框提供的内容可能会不同。例如，选择"两点"时，对话框提供"通过点"选项组、"轴方位"选项组和"设置"选项组，需要分别指定出发点、目标点和轴方位来定义基准轴；当选择"曲线/面轴"时，对话框提供"曲线或面"选项组、"轴方位"选项组和"设置"选项组，如图 3-3 所示，此时可选择直线边、曲线、基准轴或面来定义基准轴。

图 3-2 "基准轴"对话框（1）　　　　图 3-3 "基准轴"对话框（2）

3. 设计特征

NX 中有关设计特征的工具命令见表 3-1。

表 3-1 设计特征工具命令一览表

序　号	命　令	图　标	功能含义
1	拉伸		沿矢量拉伸一个截面以创建特征
2	旋转		通过绕轴旋转截面来创建特征
3	长方体（块）		通过定义拐角位置和尺寸来创建长方体
4	圆柱		通过定义轴位置和尺寸来创建圆柱体
5	圆锥		通过定义轴位置和尺寸来创建圆锥体
6	球		通过定义中心位置和尺寸来创建球体
7	孔		添加一个孔到部件或装配的一个或多个实体上，选项可为沉头孔、埋头孔和螺纹孔
8	凸起		用沿着矢量投影截面形成的面修改体，可以选择端盖位置和形状
9	偏置凸起		通过根据点或曲线来偏置面，从而修改体
10	槽		将一个外部或内部槽添加到实体的圆柱形或锥形面
11	筋板		通过拉伸一个平的截面以与实体相交来添加薄壁筋板或网格筋板
12	晶格		创建晶格体
13	单位晶格编辑器		创建或编辑用于创建晶格结构的基本单位晶格
14	过滤晶格		根据指定过滤情况移除现有晶格体的棒
15	连接晶格		通过在两个晶格上靠近的顶点之间添加新的棒来连接两个晶格体
16	螺纹		将符号或详细螺纹添加到实体的圆柱面
17	按方程创建体		创建从 Symbolica 或 Maple 导入的体
18	用户定义		将用户定义特征添加到模型

4. 细节特征

细节特征是一类在已有设计特征上创建的特征，主要包括边倒圆、面倒圆、样式倒圆、美学面倒圆、腔倒圆、圆角、桥接、倒圆拐角、样式拐角、球形拐角、倒斜角、拔模和拔模体。有关细节特征的工具命令见表3-2。

表3-2　细节特征工具命令一览表

序　号	命　令	图　标	功 能 含 义
1	边倒圆		对面之间的锐边进行倒圆，半径可以是常数或变量
2	面倒圆		在选定面组之间添加相切圆角面，圆角形状可以是圆形、二次曲线或规律控制
3	样式倒圆		倒圆曲面并将相切和曲率约束应用到圆角的相切曲线
4	美学面倒圆		在圆角的圆角切面处施加相切或曲率约束时倒圆曲面，圆角截面形状可以是圆形、锥形或切入类型
5	桥接		创建合并两个面的片体
6	倒圆拐角		创建一个补片以替换倒圆的拐角处的现有面部分，或替换部分交互圆角
7	样式拐角		在即将产生的三个弯曲面的相交处创建一个精确的、美观的一流质量拐角
8	倒斜角		对面（含实体面）之间的锐边进行倒斜角
9	拔模		通过更改相对于脱模方向的角度来修改面
10	拔模体		在分型面的两侧添加并匹配拔模，用材料自动填充底切区域

5. 布尔运算

　　布尔运算工具包括"合并"按钮 、"减去"按钮 和"相交"按钮 。其中，"合并"按钮 用于将两个或多个实体的体积合并为单个体，"减去"按钮 用于从一个实体中减去另一个体的体积而留下空隙，"相交"按钮 用于创建一个包含两个不同体的共用体积的体。

　　需要初学者注意的是，在创建拉伸、旋转等特征的过程中，可以在相应对话框的"布尔"选项组中设定布尔选项，如图3-4所示（图中以"拉伸"对话框为例），该对话框中提供的布尔选项有"自动判断""相交""减去""合并""无"，在特征创建的过程中可轻松实现新特征与已有特征之间的布尔运算。又如创建一个长方体时，在图3-5所示的"块"对话框中可根据设计需要设定布尔选项，如"减去""合并""相交"或"无"。

<table>
<tr><td align="center">图3-4　对话框中的布尔选项设置</td><td align="center">图3-5　"块"对话框</td></tr>
</table>

本项目任务的实施步骤如下。

1）启动 NX 并新建一个部件文件。在计算机桌面视窗上双击"NX 快捷方式"图标，启动 NX 软件。接着在功能区"主页"选项卡的"标准"面板中单击"新建"按钮，弹出"新建"对话框，从"模型"选项卡中选择单位为"毫米"名为"模型"的公制模板，再指定文件名为"某车床拨叉零件"，自行指定文件夹（保存路径），然后单击"确定"按钮。

2）创建一个圆柱体。在功能区"主页"选项卡的"特征"面板中单击"更多" | "圆柱"按钮，弹出"圆柱"对话框，该对话框提供了圆柱的两种创建类型，即"圆弧和高度"和"轴、直径和高度"。

选择"轴、直径和高度"，接着在"轴"选项组的"指定矢量"下拉列表框中选择"ZC 轴"图标选项，如图 3-7 所示。

图 3-6　"圆柱"对话框　　　　图 3-7　选择"轴、直径和高度"及指定矢量选项

在"轴"选项组的"指定点"下拉列表框中默认选择"自动判断点"选项，单击"点构造器"按钮，弹出"点"对话框，将点坐标设置为 XC = 0、YC = 0、ZC = 0，"偏置选项"为"无"，如图 3-8 所示，然后单击"确定"按钮，返回到"圆柱"对话框。

在"尺寸"选项组中将"直径"设置为"25mm"，"高度"设置为"30mm"，在"布尔"选项组的"布尔"下拉列表框中选择"无"选项；在"设置"选项组中勾选"关联轴"复选框，单击"应用"按钮，创建的圆柱体如图 3-9 所示。

3）继续创建一个圆柱体并进行内部布尔运算。默认选择"轴、直径和高度"，轴矢量默认为"ZC 轴"图标选项，从"指定点"下拉列表框中选择"圆弧中心/椭圆中心/球心"图标选项，使用鼠标选择已有圆柱体的底面圆边以拾取其圆心作为轴点，如图 3-10 所示。接着在"尺寸"选项组中将圆柱"直径"设定为"14mm"，"高度"设置为"30mm"，从"布尔"下拉列表框中选择"减去"选项，在"设置"选项组中勾选"关联轴"复选框，然后单击"确定"按钮，此时模型效果如图 3-11 所示。

图 3-8　"点"对话框

图 3-9　创建一个圆柱体

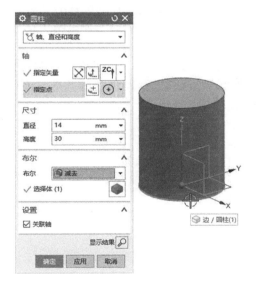

图 3-10　选择圆边定义轴点等

图 3-11　模型效果

知识点拨：

　　步骤2）和步骤3）也可以合并成一个步骤，建模方法是采用"拉伸"方法来进行。有兴趣的读者可以自行尝试一下。本例步骤2）和步骤3）主要是想让初学者掌握体素特征的应用方法，以及在应用过程中如何设置布尔选项。

　　4）创建基准平面。在"特征"面板中单击"基准平面"按钮 ◆，弹出图3-12所示的"基准平面"对话框。从"类型"下拉列表框中选择"按某一距离"选项，在图形窗口中选择坐标系的XY坐标面，设置偏移"距离"为"18mm"，"平面的数量"为"1"，勾选"关联"复选框，如图3-13所示。

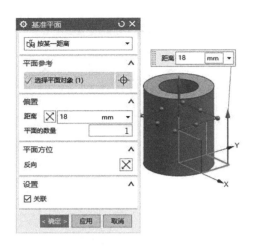

图 3-12 "基准平面"对话框   图 3-13 按某一距离来创建基准平面

在"基准平面"对话框中单击"确定"按钮。此时，可以在上边框条上将渲染显示样式临时设为"带有淡化边的线框" ，以便可以清晰地看到新建的该基准平面。

5）创建拉伸特征。在"特征"面板中单击"拉伸"按钮 ，弹出图3-14所示的"拉伸"对话框。

在"截面线"选项组中单击"绘制截面"按钮 ，弹出"创建草图"对话框，草图类型为"在平面上"，"平面方法"为"自动判断"，确保选择刚创建的基准平面作为草绘平面，如图3-15所示，然后单击"确定"按钮。

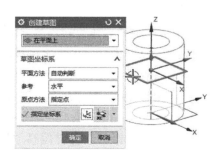

图 3-14 "拉伸"对话框   图 3-15 创建草图的设置

绘制图 3-16 所示的草图，单击"完成"按钮 🏁。

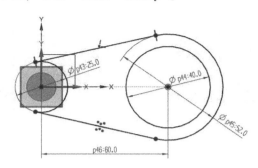

图 3-16　绘制草图

在"拉伸"对话框的"限制"选项组中，从"开始"和"结束"下拉列表框中均选择"值"选项，设置开始"距离"值为"0mm"，结束"距离"值为"8mm"，而在"布尔"选项组中可以看到自动判断的布尔运算为"求和"，如图 3-17 所示。

在"拔模"选项组的"拔模"下拉列表框中选择"无"选项，在"偏置"选项组的"偏置"下拉列表框中选择"无"选项，在"设置"选项组的"体

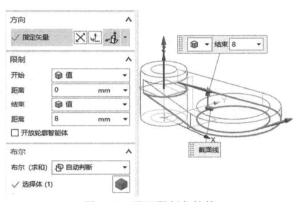

图 3-17　设置限制条件等

类型"下拉列表框中选择"实体"选项，如图 3-18 所示，然后单击"应用"按钮，完成创建一个拉伸实体特征，此时可以将渲染显示样式更改为"带边着色" 🧊，效果如图 3-19 所示。

图 3-18　设置拔模、偏置和体类型

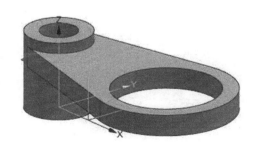

图 3-19　完成创建一个拉伸实体特征

6）继续创建一个合并进来的拉伸实体。在实体中单击图 3-20 所示的实体面作为草绘平面，NX 快速进入内部草绘模式，绘制图 3-21 所示的草图，单击"完成"按钮 🏁，返回到"拉伸"对话框。

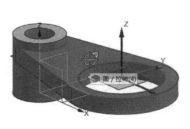

图 3-20　指定草绘平面

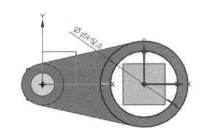

图 3-21　绘制草图

在"拉伸"对话框的"限制"选项组中设置开始"距离"值为"－10mm"，结束"距离"值为"2mm"，如图 3-22 所示，布尔自动判断为"求和"。

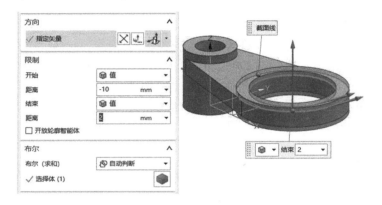

图 3-22　设置限制条件等

在"拉伸"选项组中单击"应用"按钮。

7）拉伸减去实体材料。在实体中单击图 3-23 所示的环形实体面，则该面被指定为草图平面，绘制图 3-24 所示的草图，单击"完成"按钮 🏁，返回到"拉伸"对话框。

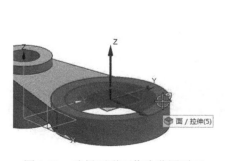

图 3-23　选择环形面作为草图平面

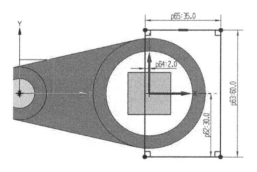

图 3-24　绘制草图

在"限制"选项组的"开始"下拉列表框中选择"贯通"选项，在"结束"下拉列表框中选择"贯通"选项，在"布尔"选项组的"布尔"下拉列表框中选择"减去"选项，默认"拔模"选项为"无"，"偏置"选项为"无"，"体类型"为"实体"，如图 3-25 所示，然后单击"确定"按钮，此时模型效果如图 3-26 所示。

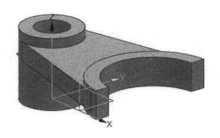

图 3-25 设置限制、布尔、拔模等　　　　　图 3-26 模型效果

8）使用"拉伸"方式创建一处加强筋。在"特征"面板中单击"拉伸"按钮🏠，弹出"拉伸"对话框，此时"截面线"选项组的"选择曲线"按钮🖱处于被选中的状态，选择 XZ 平面作为草图平面，进入草图模式。绘制图 3-27 所示的截面（草图），单击"完成"按钮🏁，返回到"拉伸"对话框。

在"限制"选项组中设置"结束"选项为"对称值"，每侧的"距离"为"3mm"；在"布尔"选项组的"布尔"下拉列表框中选择"合并"选项；在"拔模"选项组的"拔模"下拉列表框中选择"无"选项；在"偏置"选项组的"偏置"下拉列表框中选择"无"选项；在"设置"选项组的"体类型"下拉列表框中选择"实体"选项，如图 3-28 所示。

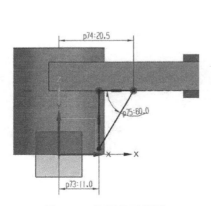

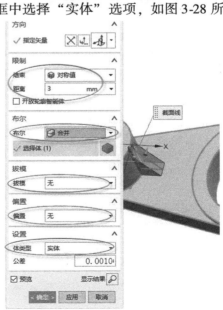

图 3-27 绘制截面草图　　　　　图 3-28 设置限制、布尔等选项及参数

在"拉伸"对话框中单击"确定"按钮。

9）创建倒斜角。在"特征"面板中单击"倒斜角"按钮，打开"倒斜角"对话框，在"偏置"选项组的"横截面"下拉列表框中选择"对称"选项，在"距离"框中设置距离为"2mm"；在"设置"选项组的"偏置法"下拉列表框中选择"沿面偏置边"选项，如图 3-29 所示。

选择要倒斜角的两条边，如图 3-30 所示。

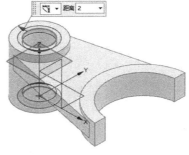

图 3-29　"倒斜角"对话框　　　　图 3-30　选择要倒斜角的两条边

在"倒斜角"对话框中单击"确定"按钮。

10）创建圆角。在"特征"面板中单击"边倒圆"按钮，弹出图 3-31 所示的"边倒圆"对话框，将边"连续性"设置为"G1（相切）"，"形状"为"圆形"，"半径 1"为"3mm"。

选择图 3-32 所示的 5 条边添加到当前边圆角集。

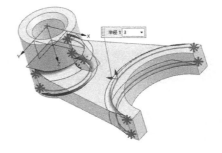

图 3-31　"边倒圆"对话框　　　　图 3-32　选择要进行圆角的 5 条边

单击"边倒圆"对话框中的"确定"按钮，结果如图 3-33 所示。

11）隐藏基准平面与基准坐标系。在部件导航器的模型历史记录中分别单击"基准平面（3）"和"基准坐标系（0）"节点前面的"显示"图标 ◉ 以将其切换至"隐藏"状态 ⌀，再按〈End〉快捷键以正等测图显示模型，此时可以看到拨叉零件显示如图3-34所示。

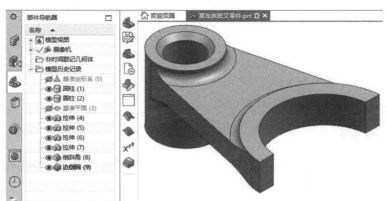

图3-33　边倒圆结果　　　　　　　　　　　　　　　图3-34　完成拨叉零件

12）保存文件。

四、　思考与实训

1）什么是体素特征？体素特征主要有哪些？

2）创建基准平面的一般方法是什么？

3）如何设置特征对象的隐藏和显示状态？

4）在UG NX中，细节特征主要包括哪些？

5）布尔运算是指什么？如何在特征创建过程中设置布尔运算选项？

6）上机实训：请按照图3-35所示的泵盖零件图相关数据来创建该零件的实体模型。

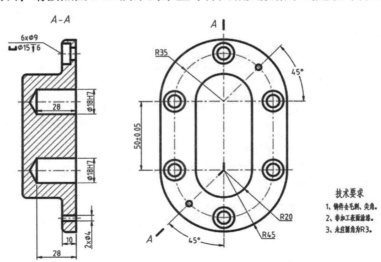

图3-35　上机实训的零件图

学习目标 《

- 掌握各种扫掠工具的应用。
- 掌握孔工具的应用。
- 掌握阵列工具的应用。

一、工作任务

项目要求：设计图 3-36 所示的弯管接驳实体模型，要求应用到管道扫掠工具、孔工具、阵列工具和旋转工具等。

图 3-36 弯管接驳实体模型

二、知识点

1. 扫掠工具

NX 中的扫掠工具主要有表 3-3 所示的几种。

表 3-3 NX 中的几种扫掠工具

序　号	命　令	图　标	功能含义	备　注
1	扫掠		可通过沿一条、两条或三条引导线串扫掠一个或多个截面来创建实体或片体	非常适用于当引导线串由脊线或一个螺旋组成时，通过扫掠创建一个特征
2	变化扫掠		可通过沿路径扫掠横截面（截面的形状沿该路径变化）来创建体	变化扫掠的截面可基于路径与草图约束进行更改；尽管简单的变化扫掠可能不需用任何约束，但建议完全约束草图
3	沿引导线扫掠		通过沿着由一条或一系列曲线、边或面构成的引导线拉伸开放或封闭边界草图、曲线、边或面，创建单个体	支持沿具有尖角的引导线进行扫掠，结果会生成一个对接角
4	管道		可通过沿中心线路径（具有外径及内径选项）扫掠圆形横截面来创建单个实体	可以使用此命令来创建线扎、线束、布管、电缆或管道组件
5	扫掠体		可沿路径扫掠实体，可以控制工具相对于路径的方向，还可以从目标体中减去扫掠工具或将目标体与扫掠工具相交	可以使用扫掠方位选项指定如何沿路径扫掠工具体

2. 孔工具

使用"孔"按钮  可以快速地在部件或装配中添加各种类型的孔特征，包括常规孔（简单、沉头、埋头或锥形）、钻形孔、螺钉间隙孔（简单、沉孔或埋头形状）、螺纹孔、非平面上的孔、穿过多个实体的孔（作为单个特征）和作为单个特征的多个孔。要创建孔特征，在功能区"主页"选项卡的"特征"面板中单击"孔"按钮，弹出图3-37所示的"孔"对话框，接着选择孔类型，再根据所选孔类型分别指定孔位置、孔方向、形状尺寸或规格等。

3. 阵列工具

"阵列特征"按钮 用于将特征复制到许多阵列或布局（线性、圆形、多边形等）中，并有对应阵列边界、实例方位、旋转和变化的各种选项。

在功能区"主页"选项卡的"特征"面板中单击"阵列特征"按钮，则弹出图3-38所示的"阵列特征"对话框，选择要形成阵列的特征，接着分别进行阵列定义，指定阵列方法，以及设置输出选项（如输出为"阵列特征""复制特征"还是"特征复制到特征组中"）等，最后单击"应用"按钮或"确定"按钮。

图3-37 "孔"对话框

图3-38 "阵列特征"对话框

另外，NX还提供有以下两个阵列工具，区别主要在于选择要阵列的对象不同。

- "阵列几何特征"按钮：将几何体复制到许多阵列或布局（线性、圆形、多边形等）中，并使用对应阵列边界、实例方位和旋转的各种选项。
- "阵列面"按钮：通过阵列的方式复制面并将它们添加至体。

本项目任务（弯管接驳实体模型）的实施步骤如下。

1）启动 NX 软件后，在"快速访问"工具栏中单击"新建"按钮 ，弹出"新建"对话框，切换至"模型"选项卡，确保从"单位"下拉列表框中选择"毫米"，从模板列表中选择名称为"模型"、类型为"建模"的模板，接着自行指定新文件名和要保存到的文件夹，然后单击"确定"按钮。

2）绘制将用作扫掠轨迹的相切曲线。在功能区中切换至"曲线"选项卡，单击"在任务环境中绘制"按钮 ，弹出"创建草图"对话框，选择草图类型为"在平面上"，"平面方法"为"自动判断"，"参考"选项默认为"水平"，"原点方法"为"指定点"，选择 YZ 坐标面作为草图平面，如图 3-39 所示，单击"确定"按钮。

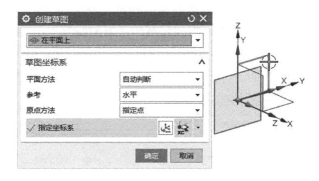

图 3-39　指定草图平面等

在草图中绘制图 3-40 所示的曲线，并建立所需的尺寸约束和几何约束，然后单击"完成"按钮 。此时在图形窗口中可以看到绘制的曲线如图 3-41 所示。

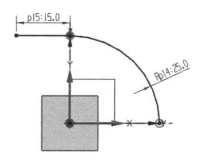

图 3-40　绘制曲线

图 3-41　立体显示曲线

3）创建管道（一种扫掠特征）。在功能区中切换至"主页"选项卡，从"特征"面板中单击"更多" | "管道"按钮 ，弹出图 3-42 所示的"管"对话框。在上边框条的"选择条"工具栏中将曲线规则设定为"相切曲线"，在图形窗口中选择之前绘制的相切曲线作为管中心线路径的曲线；接着在"管"对话框的"横截面"选项组中将"外径"设置为"18mm"，"内径"设置为"14mm"，从"布尔"选项组的"布尔"下拉列表框中选择

"无"选项，从"设置"选项组的"输出"下拉列表框中选择"多段"选项。单击"显示结果"按钮☑，此时预览结果如图3-43所示。此时可以单击对话框中出现的"撤销结果"按钮↩，再单击"应用"按钮或"确定"按钮，完成创建一个管道特征。

图3-42 "管"对话框

图3-43 显示预览结果

知识点拨：

也可以使用"扫掠"按钮或"沿引导线扫掠"按钮来构建图3-43所示的"管道"形式的实体模型。建议去尝试一下这些方法。

4）创建拉伸特征。在功能区"主页"选项卡的"特征"面板中单击"拉伸"按钮，弹出"拉伸"对话框，"截面线"选项组中的"选择曲线"按钮默认处于被选中的状态，进入草图模式。绘制图3-45所示的两个圆，单击"完成"按钮，返回到"拉伸"对话框。

图3-44 选择要草绘的平的面

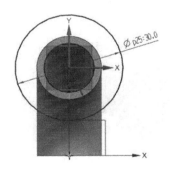

图3-45 绘制两个圆

"拉伸"对话框的"方向"选项组中给出了默认的方向矢量为"面/平面法向"，在"限制"选项组中设置开始"距离"值为"0mm"，结束"距离"值为"3mm"；在"布尔"选项组的"布尔"下拉列表框中选择"合并"选项；在"拔模"选项组的"拔模"下拉列表框中选择"无"选项；在"偏置"选项组的"偏置"下拉列表框中选择"无"选项；在"设置"选项组的"体类型"下拉列表框中选择"实体"选项，如图3-46所示。最后单击"确定"按钮，创建好该拉伸特征的模型效果如图3-47所示。

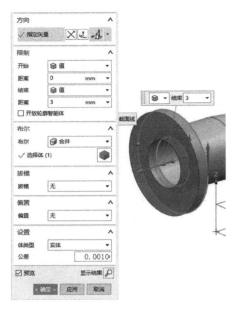

图 3-46　设置限制、布尔、拔模、偏置等

图 3-47　创建拉伸特征

5）创建孔特征。在功能区"主页"选项卡的"特征"面板中单击"孔"按钮 🔷，弹出"孔"对话框。从"类型"下拉列表框中选择"常规孔"选项，使用鼠标在图 3-48 所示的环形面的预定位置处单击，自动进入草图模式并弹出"草图点"对话框，如图 3-49 所示。

图 3-48　单击环形面以指定点

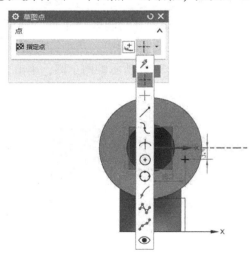

图 3-49　"草图点"对话框

确保指定了一个点位置，单击"草图点"对话框中的"关闭"按钮，将该点位置的尺寸约束修改为如图 3-50 所示，然后单击"完成"按钮 ▧。

在"孔"对话框的"方向"选项组中，可以看到"孔方向"为"垂直于面"，在"形状和尺寸"选项组的"成形"下拉列表框中选择"简单孔"选项，将其"直径"设定为"3mm"，"深度限制"选项为"值"选项，"深度"为"5mm"等，如图 3-51 所示，然后单击"确定"按钮。

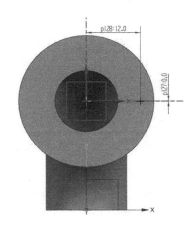

图 3-50 修改点的尺寸约束等

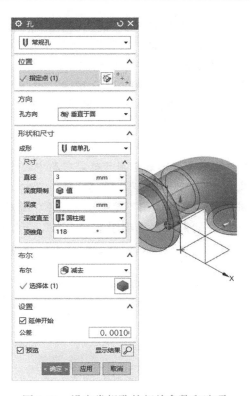

图 3-51 设定常规孔的相关参数和选项

完成创建的一个孔特征如图 3-52 所示。

6）阵列简单孔。选择刚创建的简单孔特征，在功能区"主页"选项卡的"特征"面板中单击"阵列"按钮💥，所选的简单孔便是要形成阵列的特征，在"阵列特征"对话框的"阵列定义"选项组中，从"布局"下拉列表框中选择"圆形"选项，从"指定矢量"下拉列表框中选择"曲线/轴矢量"图标选项🔧，选择法兰盘结构的环形面内圈边线以定义旋

图 3-52 完成创建一个孔特征

图 3-53 阵列定义

转轴，如图 3-53 所示，在"斜角方向"子选项组的"间距"下拉列表框中选择"数量和间隔"选项，将"数量"设置为"6"，"节距角"设置为"60°"，在"辐射"子选项组中取消勾选"创建同心成员"复选框。

在"方位"子选项组的"方位"下拉列表框中选择"遵循阵列"选项，如图 3-54 所示。可供选择的方位选项有"遵循阵列""与输入相同""坐标系到坐标系"等。

知识点拨：

"方位"下拉列表框用于确定布局中的阵列特征是保持恒定方位还是跟随从某些定义几何体派生的方位。当布局为"参考"时，"方位"下拉列表框不可用。当布局设置为"沿"时，还提供有"垂直于路径"选项，它用于根据所指定路径的法向或投影法向来定向阵列特征。

在"阵列方法"选项组的"方法"下拉列表框中选择"变化"选项，在"设置"选项组的"输出"下拉列表框中选择"阵列特征"选项，如图 3-55 所示。

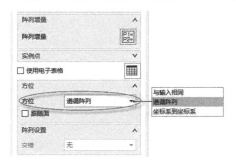

图 3-54　指定方位选项　　　　　　　　图 3-55　设置阵列方法及是输出选项

在"阵列特征"对话框中单击"确定"按钮，阵列结果如图 3-56 所示。

图 3-56　阵列简单孔特征的效果

7）创建旋转特征。在功能区"主页"选项卡的"特征"面板中单击"旋转"按钮，弹出"旋转"对话框。

选择 YZ 坐标面作为草图平面，绘制图 3-57 所示的草图，其中需要绘制一条竖直的直线并单击"转换至/自参考对象"按钮将该竖直直线转换为构造线。单击"完成"按钮，完成旋转截面草图。

旋转截面默认为封闭的草图，在"旋转"对话框的"轴"选项组中，从"指定矢量"下拉列表框中选择"曲线/轴矢量"图标选项，接着在模型中选择所需的轮廓圆边，如图 3-58所示。

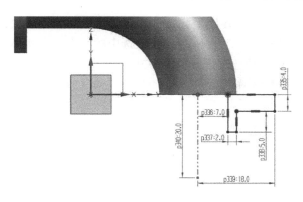

图 3-57　绘制草图

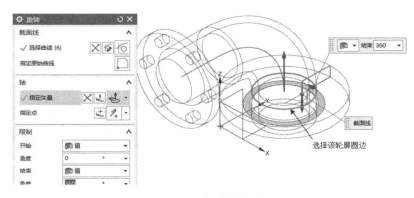

图 3-58　选择该轮廓圆边

在"限制"选项组中，设置开始角度值为"0°"，结束角度值为"360°"；在"布尔"选项组的"布尔"下拉列表框中选择"合并"选项；在"偏置"选项组的"偏置"下拉列表框中选择"无"选项；在"设置"选项组的"体类型"下拉列表框中选择"实体"选项，然后单击"确定"按钮。完成该旋转特征后的模型效果如图3-59所示。

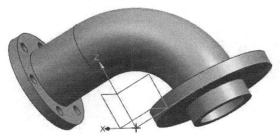

图 3-59　完成旋转实体特征

8）创建沉孔特征。可以按〈End〉键以正等测图显示模型。

在功能区"主页"选项卡的"特征"面板中单击"孔"按钮，弹出"孔"对话框，选择"常规孔"类型，在"形状和尺寸"选项组的"成形"下拉列表框中选择"沉孔"选项，并设置"沉头直径"为"7mm"，"沉头深度"为"2mm"，"直径"为"3mm"，"深度限制"为"贯通体"，在"布尔"选项组的"布尔"下拉列表框中默认选择"减去"选项，在"设置"选项组中勾选"延伸开始"复选框,接受默认的公差参数,如图 3-60 所示。

确保"位置"选项组的"点"按钮 处于被选中的状态,在实体模型中单击图 3-61 所示的实体环形面,NX 自动而快速地进入草图模式。

图 3-60 设置沉孔的相关参数和选项

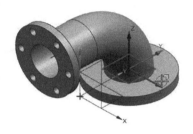

图 3-61 单击所需的实体环形面以指定点位置

在草图中指定图 3-62 所示的一个草图点,注意创建正确的尺寸约束,然后单击"完成"按钮 。

在"孔"对话框中单击"确定"按钮,完成创建图 3-63 所示的一个沉孔。

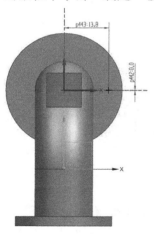

图 3-62 指定一个点

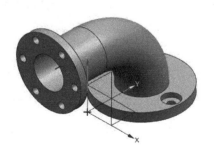

图 3-63 完成创建一个沉孔

9)阵列沉孔。在功能区"主页"选项卡的"特征"面板中单击"阵列"按钮 ,弹出"阵列特征"对话框,选择沉孔特征作为要形成阵列的特征,从"阵列定义"选项组的

"布局"下拉列表框中选择"圆形"选项，在"边界"子选项组的"边界"下拉列表框中选择"无"选项，在"旋转轴"子选项组中选择"曲线/轴矢量"图标选项 ，确保处于指定矢量状态的情况下选择图3-64所示的一个圆形轮廓边。

在"斜角方向"子选项组的"间距"下拉列表框中选择"数量和跨距"选项，"数量"为"6"，"跨角"为"360°"；在"辐射"子选项组中取消勾选"创建同心成员"复选框，在"方位"子选项组的"方位"下拉列表框中选择"遵循阵列"，如图3-65所示。

图3-64 选择圆形轮廓边以定义旋转轴

图3-65 进行阵列的相关定义

在"阵列方法"选项组的"方法"下拉列表框中选择"变化"选项，在"设置"选项组的"输出"下拉列表框中选择"阵列特征"选项，如图3-66所示，单击"确定"按钮，完成图3-67所示的阵列沉孔效果。

图3-66 指定阵列方法与输出选项

图3-67 阵列沉孔的效果

10）保存模型文件。在"快速访问"工具栏中单击"保存"按钮 ，保存文件。

四、思考与实训

1）在NX中，典型的扫掠工具有哪几个？它们各有什么异同之处？

2）在使用"阵列特征"工具时，需要注意每种布局有什么特点。

3）可以创建哪几种孔特征？可以在一次孔特征中创建多个孔结构吗？

4）上机实训：根据图3-68所示的工程图尺寸来建立其实体模型。

5）上机实训：自行设计一个机械零件，要求至少用到"拉伸""沿引导线扫描""孔"

"阵列特征""倒斜角"等工具命令。

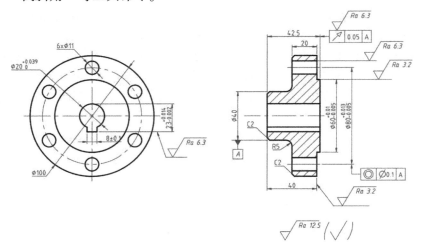

图 3-68   练习用参考工程图

项目任务三 •···· **轴零件**

学习目标 《

- 了解轴零件的特点。
- 掌握创建轴的一般方法与步骤。
- 掌握"螺纹"工具的应用。

一、工作任务

要求：在 NX 中按照图 3-69 所示的轴零件图数据来创建该轴零件的三维实体模型。

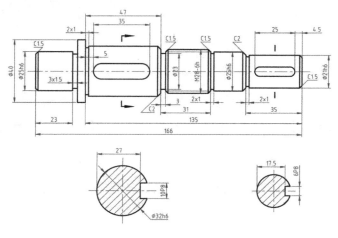

图 3-69   轴零件图

1. 螺纹

使用"螺纹"命令（对应的工具为"螺纹刀"按钮 ）可以在指定的圆柱面上创建符号螺纹或详细螺纹。

● 符号螺纹：符号螺纹在螺纹长度的起点和终点处采用虚线圆圈表示，它可捕捉外部螺纹表中的信息，并且可被下游应用模块（如制图）识别。符号螺纹的示意如图 3-70 所示。

● 详细螺纹：详细螺纹用于模拟真实的螺纹效果，其渲染非常真实，如图 3-71 所示，但是它不会捕捉标注信息，并且不能被下游应用模块识别。详细螺纹形成的几何体是复杂的，因而更新时间比符号螺纹要长。详细螺纹是完全关联的，如果关联特征被修改，其螺纹也会相应更新。

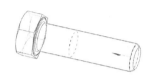

图 3-70 符号螺纹   图 3-71 详细螺纹（模拟真实效果）

单击"螺纹刀"按钮 ，系统弹出图 3-72 所示的"螺纹切削"对话框，在"螺纹切削"对话框中设定"螺纹类型"（"符号"和"详细"二选一）和"旋转"方向（"右旋"或"左旋"），接着选择要创建螺纹的圆柱曲面，并指定螺纹起始面和螺纹轴向方向，系统

图 3-72 "螺纹切削"对话框

会根据选择的圆柱曲面通过内部查表给出螺纹的相关参数，用户亦可选择人工输入和修改，然后单击"应用"按钮或"确定"按钮，即可完成创建一个螺纹特征。

2. 创建轴零件的一般方法及步骤

轴零件的最大特点是其主体是旋转体（回转体），在旋转体上创建退刀槽、键槽、倒角、孔、螺纹等其他结构。因此总结出来创建轴零件的一般方法及步骤：先使用"旋转"工具命令来创建一个旋转实体作为轴零件的主体模型，接着根据需要及轴零件加工方法等因素分别使用相应的工具来构建其他结构，可以将边倒角、圆角、螺纹等放在最后来完成。

三、任务实施步骤

本项目任务的实施步骤如下。

1）启动 NX 软件并新建文件。启动 NX 软件后，在"快速访问"工具栏中单击"新建"按钮🗔，弹出"新建"对话框，切换至"模型"选项卡，确保从"单位"下拉列表框中选择"毫米"，从模板列表中选择名称为"模型"、类型为"建模"的模板，接着自行指定新文件名（如将文件名设定为"3_3_轴零件"）和要保存到的文件夹，然后单击"确定"按钮。

2）创建旋转实体特征。在功能区"主页"选项卡的"特征"面板中单击"旋转"按钮📕，弹出图 3-73 所示的"旋转"对话框。此时可以在图形窗口中单击基准坐标系的 XY 平面作为要草绘的平面，如图 3-74 所示。

图 3-73　"旋转"对话框

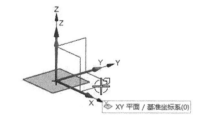

图 3-74　选择 XY 平面

自动进入到草图模式，绘制图 3-75 所示的旋转剖面，单击"完成"按钮▨。

返回到"旋转"对话框，从"轴"选项组的"指定矢量"下拉列表框中选择"XC 轴"选项ˣᶜ，单击"点构造器"按钮🔛，弹出"点"对话框，将输出坐标的绝对坐标值设定为 X = 0、Y = 0、Z = 0，"偏置"选项为"无"，单击"确定"按钮，接着再在"旋转"对话框的"限制"选项组中将开始旋转"角度"设定为"0°"，将结束旋转"角度"设定为"360°"，如图 3-76 所示。

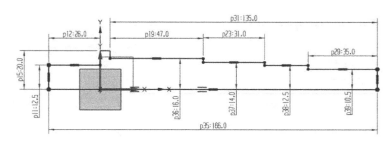

图 3-75　绘制旋转剖面

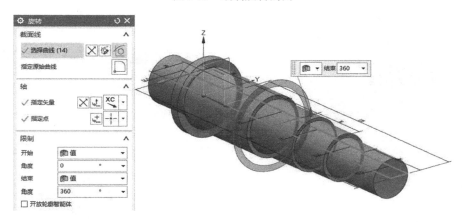

图 3-76　指定轴矢量等

在"布尔"选项组、"偏置"选项组和"设置"选项组中分别设定相关的选项和参数，如图 3-77 所示，然后单击"确定"按钮，完成创建的旋转体如图 3-78 所示。

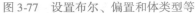

图 3-77　设置布尔、偏置和体类型等

图 3-78　完成创建旋转实体

3）创建一个矩形槽。在功能区"主页"选项卡的"特征"面板中单击"更多"｜"槽"按钮 ，弹出图 3-79 所示的"槽"对话框。在"槽"对话框中单击"矩形"按钮，系统弹出图 3-80 所示的"矩形槽"对话框并提示选择放置面。

选择图 3-81 所示的圆柱面作为放置面，接着在出现的新"矩形槽"对话框中设置"槽直径"和"宽度"，如图 3-82 所示，然后单击"确定"按钮。

系统弹出图 3-83 所示的"定位槽"对话框并提示"选择目标边或'确定'接受初始位置"，在模型中分别指定图 3-84 所示的目标边和刀具边。

图 3-79　"槽"对话框

图 3-80　"矩形槽"对话框（1）

图 3-81　指定放置面

图 3-82　设置矩形槽的槽直径和宽度

图 3-83　"定位槽"对话框

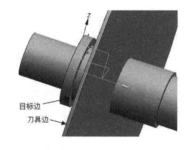

图 3-84　分别选择目标边和刀具边

在弹出的图 3-85 所示的"创建表达式"对话框中设置其距离为"0mm"，单击"确定"按钮。

图 3-85　"创建表达式"对话框

图 3-86　完成创建第一个矩形槽

4）继续创建其他矩形槽/退刀槽。此时临时提供图 3-87 所示的"矩形槽"对话框，选择图 3-88 所示的圆柱面作为新矩形槽/退刀槽的放置面。

设定矩形槽的"槽直径"为"23mm"、"宽度"为"3mm"，如图 3-89 所示，单击"确定"按钮。

分别选择目标边和刀具边，如图 3-90 所示。

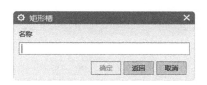

图 3-87　"矩形槽"对话框（2）

图 3-88　选择放置面

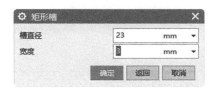

图 3-89　设定槽直径和宽度

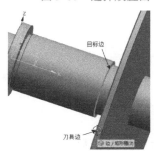

图 3-90　指定目标边和刀具边

在弹出的"创建表达式"对话框中设定其值为"0mm"，如图 3-91 所示，单击"确定"按钮，完成创建如图 3-92 所示的第二个矩形槽/退刀槽。

图 3-91　设定两边参照的距离为 0mm

图 3-92　创建第二个矩形槽/退刀槽

使用同上述一样的方法，继续创建其他矩形槽/退刀槽，相关的尺寸可以从图 3-69 中读取。完成所有矩形槽/退刀槽的轴模型如图 3-93 所示。

图 3-93　创建其他矩形槽/退刀槽

5）创建基准平面。在功能区"主页"选项卡的"特征"面板中单击"基准平面"按钮◇，弹出"基准平面"对话框，选择"按某一距离"选项，选择基准坐标系中的 XY 坐标平面，输入"距离"为"11"，"平面的数量"为"1"，勾选"关联"复选框，如图 3-94 所示，然后单击"确定"按钮。

6）以拉伸切除的方式构建出一个键槽结构。在功能区"主页"选项卡的"特征"面板中单击"拉伸"按钮◇，弹出"拉伸"对话框。选择上步骤新建好的基准平面作为草图平面，绘制图 3-95 所示的拉伸剖面，注意添加必要的几何约束和尺寸约束，单击"完成"按钮◇。

图 3-94　按某一个距离创建新基准平面

在"拉伸"对话框的"布尔"选项组中,从"布尔"下拉列表框中选择"减去"选项,在"限制"选项组、"拔模"选项组、"偏置"选项组和"设置"选项组中分别设置相应的选项及参数,如图 3-96 所示,然后单击"确定"按钮。此时,可以在部件导航器的模型历史记录树中将基准平面(7)隐藏,此时的模型显示效果如图 3-97 所示。

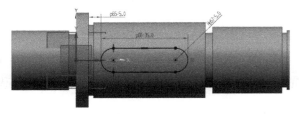

图 3-95　绘制跑道形的拉伸剖面

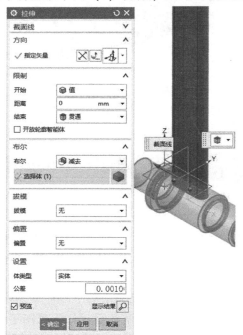

图 3-96　设置相关的拉伸选项及参数

图 3-97　完成第一个键槽结构

7）创建另一个新基准平面。在功能区"主页"选项卡的"特征"面板中单击"基准平面"按钮 ，弹出"基准平面"对话框，选择"按某一距离"选项，选择基准坐标系中的 XY 坐标平面，输入"距离"为"17.5-10.5"，"平面的数量"为"1"，勾选"关联"复选框，如图 3-98 所示，然后单击"确定"按钮。

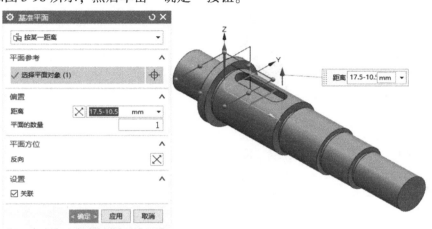

图 3-98　按某一个距离创建新基准平面

8）创建第二个键槽结构。在功能区"主页"选项卡的"特征"面板中单击"拉伸"按钮 ，弹出"拉伸"对话框。选择上一步骤刚创建的基准平面作为草图平面，绘制图 3-99 所示的拉伸剖面，注意添加时要将两个圆心约束在草图 X 轴上，单击"完成"按钮 。

返回到"拉伸"对话框，在"限制"选项组、"布尔"选项组、"拔模"选项组、"偏置"选项组和"设置"选项组中分别设置相应的选项及参数，如图 3-100 所示，然后单击"确定"按钮，完成创建第二个键槽结构，如图 3-101 所示，可将第二个基准平面隐藏。

图 3-99　绘制跑道形的拉伸剖面

9）创建倒斜角特征（也称"边倒角"特征）。在功能区"主页"选项卡的"特征"面板中单击"倒斜角"按钮 ，弹出"倒斜角"对话框，从"偏置"选项组的"横截面"下拉列表框中选择"对称"选项，在"距离"文本框中输入"2"，在"设置"选项组的"偏置法"下拉列表框中选择"偏置面并修剪"对话框，接受默认的公差值，如图 3-102 所示。

在模型中选择图 3-103 所示的两条轮廓边作为要倒斜角的边，然后单击"应用"按钮。

在"倒斜角"对话框的"偏置"选项组中，将倒斜角的新距离设置为"1.5mm"，分别选择图 3-104 所示的 4 条边作为要倒斜角的边集，在"倒斜角"对话框中单击"确定"按钮，效果如图 3-105 所示。

10）创建详细螺纹。在功能区"主页"选项卡的"特征"面板中单击"更多" | "螺纹刀"按钮 ，弹出图 3-106 所示的"螺纹切削"对话框，从"螺纹类型"选项组中选择"详细"单选按钮，从"旋转"选项组中选择"右旋"单选按钮。

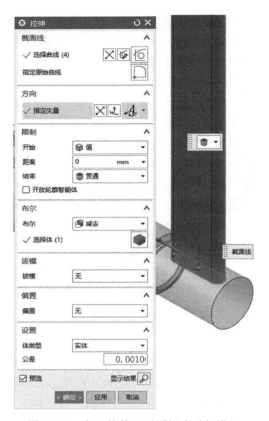

图 3-100　在"拉伸"对话框中进行设置

图 3-101　完成第二个键槽结构

图 3-102　"倒斜角"对话框

图 3-103　选择要倒斜角的边

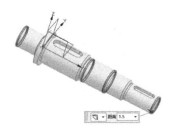

图 3-104　选择 4 条边进行倒斜角

图 3-105　完成全部倒斜角的模型效果

在模型中单击图 3-107 所示的圆柱面。

图 3-106 "螺纹切削"对话框

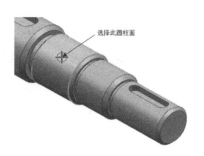

图 3-107 选择要生成详细螺纹的圆柱面

指定螺纹的起始面，如图 3-108 所示。

系统弹出图 3-109 所示的一个用于定义螺纹轴方向的"螺纹切削"对话框，显然本例接受默认的螺纹轴方向，直接单击"确定"按钮。

图 3-108 指定起始面

图 3-109 定义螺纹轴方向

设置详细螺纹的相关参数，如图 3-110 所示，然后单击"确定"按钮，完成创建图 3-111所示的详细螺纹结构。

图 3-110 设定详细螺纹的相关参数

图 3-111 完成详细螺纹结构

11）保存模型文件。在"快速访问"工具栏中单击"保存"按钮 🗎，保存文件。

■ 四、　思考与实训

1）使用"槽"命令可以创建哪几种槽特征？

2）使用"螺纹刀"按钮 可以创建哪两种类型的螺纹？分别说说这两种螺纹的特点。

3）上机实训：创建图 3-112 所示的六角头长螺栓，按照参考图自行查阅相应的螺栓标准来获取标准尺寸，允许有微小的尺寸差异。

图 3-112　创建六角头长螺栓

项目任务四 •···· **塑料外壳零件**

学习目标 《

- 了解塑料外壳的特点。
- 掌握创建壳特征的一般方法与步骤。
- 掌握"筋板"工具的应用。
- 掌握"镜像特征"工具的应用。
- 掌握拔模特征的应用。

■ 一、　工作任务

要求：在 NX 中创建图 3-113 所示的塑料外壳零件。

图 3-113　塑料外壳零件

■ 二、　知识点

1. 零件抽壳

零件抽壳是指挖空实体，或者通过指定壁厚来绕实体创建壳结构。另外，使用"抽壳"

命令还可以对面指派个体厚度或移除个体面。

这里以一个简单示例介绍如何使用不同的壁厚挖空实体，从而创建抽壳特征。

1）通过 NX 软件打开"抽壳操作.prt"文件，该文件已有实体模型如图 3-114 所示。

2）在功能区"主页"选项卡的"特征"面板中单击"抽壳"按钮 ，弹出图 3-115 所示的"抽壳"对话框。"抽壳类型"下拉列表框提供了两种抽壳类型，即"移除面，然后抽壳"和"对所有面抽壳"。

图 3-114　已有实体模型　　　　　　　　　图 3-115　"抽壳"对话框

3）从"抽壳类型"下拉列表框中选择"移除面，然后抽壳"选项。

4）确保"要穿透的面"选项组中的"选择面"按钮处于被选中的状态，在模型中选择图 3-116 所示的顶面，此时显示抽壳预览，如图 3-117 所示。

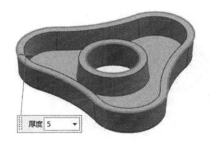

图 3-116　选择顶面　　　　　　　　　图 3-117　抽壳预览

5）要更改厚度，则在"厚度"选项组的"厚度"框中输入新厚度，例如输入新厚度值为"3"并按〈Tab〉键，NX 系统将根据新的厚度值更新抽壳预览，如图 3-118 所示。

6）要为其他选定面设定不同的厚度，则在"备选厚度"选项组中单击"选择面"按钮，接着选择所需的一个或多个面，本例选择图 3-119 所示的一个圆柱面，并设定其厚度为"2.5mm"。

7）单击"确定"按钮，完成抽壳操作，结果如图 3-120 所示。

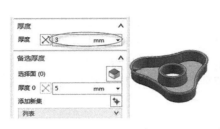

图 3-118　输入新厚度值　　　　图 3-119　为选定面设定不同的厚度值　　图 3-120　抽壳操作的结果

2. "筋板"工具的应用

使用"筋板"按钮🔲，可以通过拉伸相交的平截面将薄壁筋板或筋板网格添加到实体中。筋板的壁可以垂直于剖切平面，也可以平行于剖切平面。

在图 3-121 的示意图中，1、2、3、4 的实体结构均可以采用"筋板"命令来创建。这里以创建 3 和 4 的筋板结构为例进行介绍。

1）在功能区"主页"选项卡的"特征"面板中单击"更多"|"筋板"按钮🔲，弹出图 3-122 所示的"筋板"对话框。

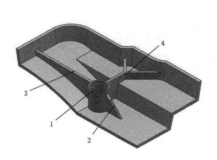

图 3-121　筋板示意

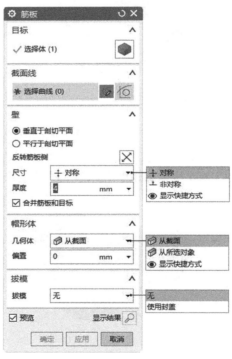

图 3-122　"筋板"对话框

2）选择圆环体筋板的圆环面作为草绘平面，快速进入草图模式，绘制图 3-123 所示的草图，该草图由一条直线和一个 Y 形曲线组构成，单击"完成"按钮🏁。

3）在"壁"选项组中选择"垂直于剖切平面"单选按钮，在"尺寸"下拉列表框中选择"对称"选项，在"厚度"框中输入"4"，勾选"合并筋板和目标"复选框，在"帽形体"选项组的"几何体"下拉列表框中选择"从截面"选项，"偏置"值为"0mm"，在

"拔模"选项组的"拔模"下拉列表框中选择"无"选项。

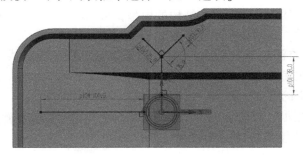

图 3-123　绘制草图

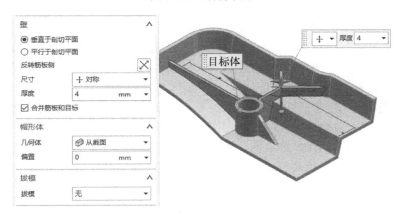

图 3-124　筋板预览

知识点拨：

　　如果要调整筋板侧的生成方向，则单击"反转筋板侧"按钮来进行切换即可。"对称"和"非对称"选项用于指定如何相对于剖面应用厚度。其中，"对称"选项用于按截面曲线对称偏置筋板厚度；"非对称"选项用于将筋板厚度偏置到截面曲线的一侧，仅可用于单曲线链。

　　4）单击"确定"按钮，完成该筋板特征创建。再看另外一个例子，对于同样的筋板截面线，可以指定筋板壁垂直于剖切平面或平行于它的壁方向，如图 3-125 所示。

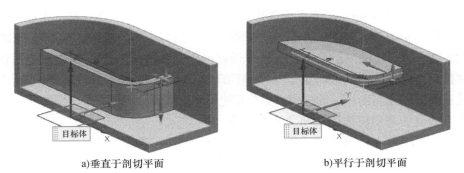

a)垂直于剖切平面　　　　b)平行于剖切平面

图 3-125　筋板壁两种生成方位

3. "镜像特征"工具的应用

对于一些具有关于某个平面对称的结构的模型，可以考虑使用"镜像特征"工具命令。镜像一个或多个特征时，其结果是单个镜像特征，镜像的坐标系必须保持右旋（必须指定要镜像的两个轴，NX 将派生第三个轴），可以指定镜像螺纹和螺纹线是保持源特征的右旋还是左旋（如可以指定镜像右旋螺纹也是右旋的）。

要镜像模型中选定的特征，则可以按照以下的方法步骤来进行。

1）在功能区"主页"选项卡的"特征"面板中单击"更多"｜"镜像特征"按钮 🐟，弹出图 3-126 所示的"镜像特征"对话框。

2）选择要镜像的特征。选择所需的特征后，NX 将自动判断参考点，用户也可以使用"指定点"选项来指定其他参考点。

3）在"镜像平面"选项组中通过选择现有平面或创建新平面来定义镜像平面。当从"平面"下拉列表框中选择"现有平面"选项时，单击"选择平面"按钮 ◇，接着选择一个基准平面或平的面；如果不存在合适的镜像平面，那么可以从"平面"下拉列表框中选择"新平面"选项，接着使用"指定平面"选项来创建镜像平面。

图 3-126　"镜像特征"对话框

4）在"源特征的可重用引用"选项组中，选择一个或多个选定特征的父引用，选定的引用被镜像特征以及源特征用作父引用（此步骤为可选步骤）。

5）在"设置"选项组中，可以根据需要来勾选或取消勾选"保持螺纹旋向"等复选框，还可以指定坐标系镜像方向。

6）在"镜像特征"对话框中单击"应用"按钮或"确定"按钮。

NX 还提供了其他两个与镜像相关的工具，即"镜像面"按钮 🐟 和"镜像几何体"按钮 🐟。"镜像面"按钮 🐟 用于复制面并跨平面进行镜像，"镜像几何体"按钮 🐟 用于复制几何体并跨平面进行镜像。

4. 拔模

使用"拔模"按钮 🍈 可以通过更改相对于脱模方向的角度来修改面，可以指定多个拔模角并对一组面指派角度，可以将单个拔模特征添加到多个体。单击"拔模"按钮 🍈，弹出图 3-127 所示的"拔模"对话框，从该对话框的"拔模类型"下拉列表框中可以看出一共有 4 种拔模类型，即"面""边""与面相切""分型边"，分别对应着从平面创建拔模、从边创建拔模、创建与面相切的拔模、为分型边缘创建拔模。

拔模方法有"等斜度拔模"和"真实拔模"。

🔘"等斜度拔模"：拔模的整个面在切过的任意截面上都会有相同角度，等斜度曲面是直纹曲面，它的任何相切点斜率相同，且其中的斜率是按相对于脱模方向的角度来测量的。"等斜度拔模"方法是用于创建拔模曲线的默认方法。

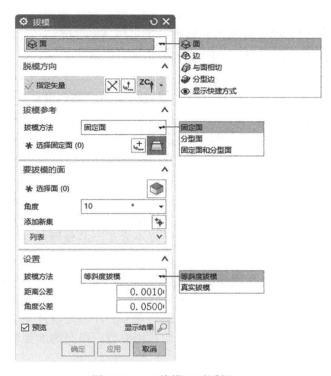

图 3-127　"拔模"对话框

● "真实拔模法"：当要拔模的面具有与脱模方向接近平行的边，或在等斜度方法无法创建所需的拔模时，该拔模方法非常有用。

5. 塑料零件的设计特点

塑料零件是利用注塑工艺来生产的。为了得到高质量的注塑产品，在设计产品时就要充分考虑其结构工艺性，使设计的产品零件能避免一些注塑缺陷。

以下一些设计特点要重点考虑。

（1）产品壁厚

每种塑料产品都有一定的壁厚范围，其壁厚一般可取 0.5~4mm，当壁厚超过 4mm 时，注塑时冷却时间变长，容易产生缩印等问题，在设计时一定要重点优化产品结构。产品壁厚要均匀，否则容易引起气孔、熔接痕和表面缩印等。

（2）开模方向和分型线

注塑制品在开始设计时要确定其开模方向和分型线，尽量减少抽芯机构和消除分型线对产品外观的影响。确定开模方向后，产品零件中的凸起、卡扣和加强筋等结构尽可能地设计成与开模方向一致，分型线选择好还有利于改善外观及性能。

（3）拔模斜度

拔模斜度有利于产品脱模，选择合适的拔模斜度可避免产品零件拉毛和产品顶伤。一般情况下，制品精度要求越高，其拔模斜度可以相对取小一些；对于尺寸大的制品，应采用较小的拔模斜度；制品收缩率大，拔模斜度也应设计大一些，制品壁厚大的，其斜度也应加大些。

通常来说,光滑表面的拔模斜度应大于 1.5°,细皮纹表面建议大于 1°,粗皮纹表面大于 1.5°,当然材料不同,拔模斜度还要调整一下。以 ABS 材料为例,如果抛光纹路与出模方向相同,其出模角可以取得很小,如 ABS 小塑件可以取 0.5° ~ 1°。

（4）加强筋

为了增加产品刚性,通常会在零件内部设计加强筋。加强筋除了能为塑件增加强度之外,还能改善注塑时塑料树脂的流动状态,有时还可以防止因残余应力而产生的变形。

加强筋的厚度不应大于塑件壁厚,一般取壁厚的 25% ~ 70%,加强筋与塑件壁厚连接处宜采用圆弧过渡（圆角一般应大于壁厚的 12.5% ~ 25%）,加强筋端面高度不应超过塑件高度而应低于 0.5mm 以上,相邻加强筋之间的距离应大于 2 倍的壁厚。

例如,在某个没有支撑座的塑件零件中,加强筋的根部厚度可以是基础壁厚的 2/3,其根部的圆角至少是壁厚的 0.3 倍,而筋的高度可以取基础壁厚的 3 倍而保持低于塑件高度。又例如,在有些塑件中,可以将加强筋厚度设置不大于产品壁厚的 1/3,这样主要是为了不引起表面缩印,另外,将加强筋的单面斜度设计为大于 1.5°以避免不必要的顶伤。

设计加强筋时要注意到,在同等条件下,与其增加筋的高度,倒不如增加筋的数量,这是因为增加高度虽然不影响成型,但是容易导致塑件产生缩孔,根部容易产生应力过分集中导致容易引起开裂,处理不当反而失去了加强的意义。在满足设计要求的情况下,加强筋高度应尽可能小,使用两条或多条矮的加强筋比使用单独一条高的加强筋更好。

（5）圆角

在塑件零件上设置合理的圆角,有利于改善模具的加工工艺,避免低效率的电加工。如果圆角太小,可能会造成产品出现应力集中的情况而导致产品或型腔容易开裂。对于内圆角,如果用 R 表示内圆角半径,t 表示壁厚,那么为了增加边角的强度及增进充模的能力,内半径可取壁厚的 25% 到 75% 之间的值,再有就是根据经验得出内圆角、壁厚与应力集中系数 k 之间的关系为 k = R/t = 0.6 ~ 0.8 比较好。当 k < 0.3 时,则容易产生应力集中。

（6）孔

孔的轴向和开模方向要尽量一致以避免抽芯,孔的形状应尽量设计成圆形,简单实用,盲孔的长径比一般不要超过 4。孔不要太靠近产品边缘,孔与产品边缘的距离要大于孔径尺寸。孔与孔的中心距应大于孔径（两者中的小孔）的 2 倍,应尽量加大这个距离以避免熔接痕的重合连接。

（7）嵌件

嵌件一般为铜或其他金属或塑料件,嵌件在嵌入塑料中的部分应设计止转和防拔出结构（如折弯、压扁、轴肩、滚花、孔等）,嵌件周围塑料应适当设计厚一些以防止塑件应力开裂。

（8）注塑件的变形

注塑产品要有一定的刚性要求,不能出现产品不允许的变形,应尽量避免平板结构,而是要巧妙、合理地设置翻边、凹凸等结构,并设计合理的加强筋。

三、 任务实施步骤

本项目任务的实施步骤如下。

1）启动 NX 软件后,在"快速访问"工具栏中单击"新建"按钮,弹出"新建"

对话框，切换至"模型"选项卡，确保从"单位"下拉列表框中选择"毫米"，从模板列表中选择名称为"模型"、类型为"建模"的模板，接着自行指定新文件名（如将新文件名设置为"某产品塑料外壳"）和要保存到的文件夹，然后单击"确定"按钮。

2）创建拉伸实体。在功能区"主页"选项卡的"特征"面板中单击"拉伸"按钮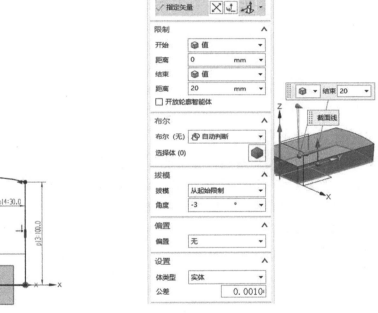，弹出"拉伸"对话框。选择"XY坐标平面"作为草图平面，进入草图模式。绘制图3-128所示的草图，单击"完成"按钮。

在"拉伸"对话框的"限制"选项组中设置开始"距离"值为"0"，结束"距离"值为"20"；在"拔模"选项组的"拔模"下拉列表框中选择"从起始限制"选项，设置拔模"角度"为"−3°"；在"偏置"选项组的"偏置"下拉列表框中选择"无"选项，从"设置"选项组的"体类型"下拉列表框中选择"实体"选项，如图3-129所示。

图3-128　绘制草图　　　　图3-129　设置拉伸的相关选项及参数

单击"拉伸"选项组中单击"确定"按钮。

3）创建圆角特征。在功能区"主页"选项卡的"特征"面板中单击"边倒圆"按钮，弹出"边倒圆"对话框，从"连续性"下拉列表框中选择"G1（相切）"选项，从"形状"下拉列表框中选择"圆形"选项，设置"半径1"为"6mm"，选择图3-130所示的两条边，单击"应用"按钮。

在"边"选项组的"半径1"框中输入新圆角半径为"3.8mm"，选择图3-131所示的一条边线进行圆角操作，然后单击"确定"按钮。

4）创建壳特征。在功能区"主页"选项卡的"特征"面板中单击"抽壳"按钮，弹出"抽壳"对话框。选择"移除面，然后抽壳"选项，在"厚度"框中设置"厚度"为"2.68mm"，选择要穿透的两个面，此时如图3-132所示，然后单击"确定"按钮。

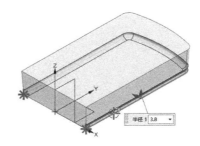

图 3-130　选择两条边进行边倒圆　　　　图 3-131　选择边进行边倒圆

5）以拉伸的方式切除实体材料。在功能区"主页"选项卡的"特征"面板中单击"拉伸"按钮，弹出"拉伸"对话框。选择壳体最顶的实体面作为草图平面，进入草图模式。绘制图 3-133 所示的草图，单击"完成"按钮。

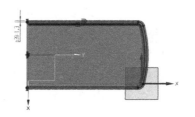

图 3-132　抽壳操作　　　　　　　　图 3-133　绘制草图

在"拉伸"对话框的"方向"选项组中单击"反向"按钮，在"限制"选项组中设置开始"距离"值为"0mm"，结束"距离"值为"1mm"，从"布尔"选项组的"布尔"下拉列表框中选择"减去"选项，从"拔模"选项组的"拔模"下拉列表框中选择"从起始限制"选项，设置拔模"角度"为"2°"，如图 3-134 所示。

在"拉伸"对话框中单击"确定"按钮，拉伸切除的结果如图 3-135 所示。

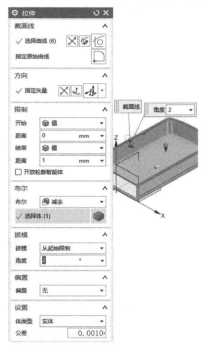

图 3-134　设置拉伸选项及参数等

图 3-135　拉伸切除的结果

6）创建拉伸实体特征。在功能区"主页"选项卡的"特征"面板中单击"拉伸"按钮，弹出"拉伸"对话框。选择图 3-136 所示的实体面作为草图平面，绘制图 3-137 所示的草图，单击"完成"按钮，返回到"拉伸"对话框。

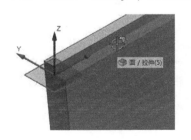

图 3-136　选择实体面

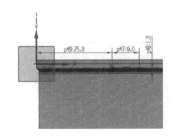

图 3-137　绘制一个狭长的长方形

设置拉伸矢量方向、限制条件、布尔选项、拔模、偏置和体类型等如图 3-138 所示，然后单击"确定"按钮，创建的拉伸实体特征如图 3-139 所示。

7）拉伸切除材料操作。在功能区"主页"选项卡的"特征"面板中单击"拉伸"按钮，弹出"拉伸"对话框。选择图 3-140 所示的实体面作为草图平面，绘制图 3-141 所示的草图，单击"完成"按钮，返回到"拉伸"对话框。

在"布尔"选项组的"布尔"下拉列表框中选择"减去"选项，确保选择已有实体；在"限制"选项组中设置开始"距离"值为"0mm"，从"结束"下拉列表框中选择"直至延伸部分",在"面、体、基准平面"按钮 ⬡ 处于被选中状态时选择图 3-142 所示的实体面;在"拔模"选项组的"拔模"下拉列表框中选择"无"选项,在"偏置"选项组的"偏置"下拉列表框中选择"无"选项,在"设置"选项组的"体类型"下拉列表框中选择"实体"选项,单击"确定"按钮,创建的扣位结构如图 3-143 所示。

图 3-138　设置拉伸的相关选项及参数

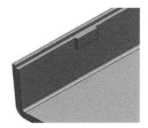

图 3-139　完成一个拉伸实体特征

图 3-140　指定草图平面

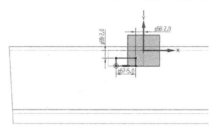

图 3-141　绘制草图

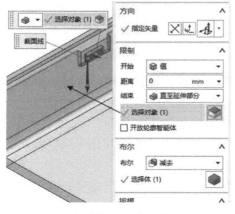

图 3-142　选择实体面以定义直至延伸部分

图 3-143　创建一个扣位结构

8）创建阵列特征。在功能区"主页"选项卡的"特征"面板中单击"阵列特征"按钮🗃，在部件导航器中选择"拉伸（6）"特征作为要形成阵列的特征，再按住〈Ctrl〉键在部件导航器中选择"拉伸（7）"特征加入"要形成阵列的特征"集里。也可以在图形窗口中选择这两个特征作为要操作的特征，这两个特征就是最近两个步骤所创建的特征。

在"阵列定义"选项组的"布局"下拉列表框中选择"线性"选项，边界为"无"，自定义"方向1"参数，而不使用"方向2"设置，如图3-144所示。

在"方位"子选项组的"方位"下拉列表框中选择"与输入相同"，在"阵列方法"选项组的"方法"下拉列表框中选择"变化"选项，在"设置"选项组的"输出"下拉列表框中选择"阵列特征"选项。

图 3-144　定义线性阵列的方向 1 参数等

单击"确定"按钮，阵列特征的结果如图3-145所示。

9）镜像特征。在功能区"主页"选项卡的"特征"面板中单击"更多"｜"镜像特征"按钮🗃，弹出图3-146所示的"镜像特征"对话框。选择阵列特征作为要镜像的特征，再在图形窗口中分别选择形成第一个扣位结构的拉伸（6）特征和拉伸（7）特征，即要镜像的特征为3个特征，在"镜像平面"选项组的"平面"下拉列表框中选择"现有平面"选项，单击"选择平面"按钮🔷，选择基准坐标系（0）的YZ平面作为镜像平面，单击"确定"按钮，镜像特征结果如图3-147所示。

图 3-145　线性阵列结果

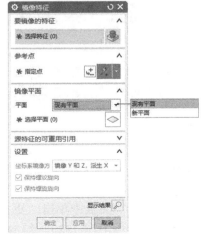

图 3-146　"镜像特征"对话框

图 3-147　镜像特征结果

10）倒斜角。在功能区"主页"选项卡的"特征"面板中单击"倒斜角"按钮💽，弹出"倒斜角"对话框，在"偏置"选项组的"横截面"下拉列表框中选择"对称"选项，在"距离"文本框中输入"1"，在"设置"选项组的"偏置法"下拉列表框中选择"偏置面并修剪"选项，选择图 3-148 所示的 4 条边进行倒斜角操作，单击"确定"按钮。

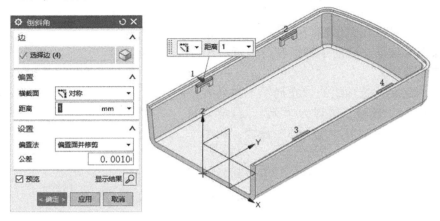

图 3-148　选择 4 条边进行倒斜角

11）创建 4 个圆柱形状的拉伸实体。在功能区"主页"选项卡的"特征"面板中单击"拉伸"按钮💽，弹出"拉伸"对话框。选择图 3-149 所示的实体面作为草图平面，绘制图 3-150 所示的草图，单击"完成"按钮💽，返回到"拉伸"对话框。

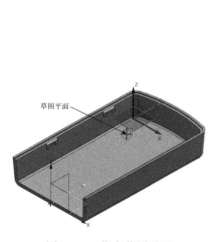

图 3-149　指定草图平面

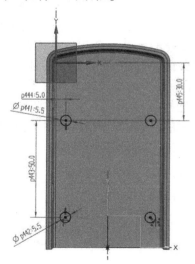

图 3-150　绘制草图

在"拉伸"对话框中设置的拉伸条件、布尔选项等如图 3-151 所示，然后单击"确定"按钮。

12）创建筋板特征。在功能区"主页"选项卡的"特征"面板中单击"更多" | "筋板"按钮💽，弹出"筋板"对话框。在壳内指定草图平面（见图 3-152），绘制图 3-153 所示的筋板线，单击"完成"按钮💽。

图 3-151 设置拉伸条件、布尔选项等

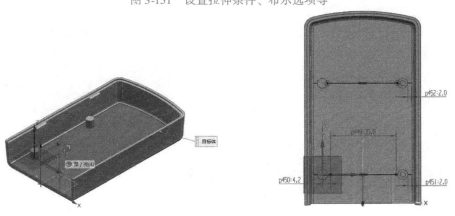

图 3-152 指定草图平面   图 3-153 绘制筋板线

在"筋板"对话框的"壁"选项组中选择"垂直于剖切平面"单选按钮，从"尺寸"下拉列表框中选择"对称"选项，在"厚度"框内输入厚度值为"1.2mm"，勾选"合并筋板和目标"复选框，在"帽形体"选项组的"几何体"下拉列表框中选择"从截面"选项，"偏置"值为"5mm"，在"拔模"选项组的"拔模"下拉列表框中选择"使用封盖"选项，在"角度"文本框中输入"2"以设置拔模角度为2°，如图 3-154 所示，然后单击"确定"按钮。

13）创建草图。在功能区"主页"选项卡的"直接草图"面板中单击"草图"按钮 🖉，弹出"创建草图"对话框，该对话框上的选项设置如图 3-155 所示，在图 3-156 所示的实体面单击，接着单击"创建草图"对话框的"确定"按钮，进入草图模式。

图 3-154　设置筋板选项及参数

图 3-155　"创建草图"对话框

图 3-156　单击所需的实体面

绘制图 3-157 所示的草图，单击"完成"按钮██。

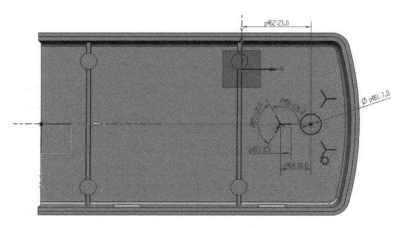

图 3-157　绘制草图

14）创建筋板特征。在功能区"主页"选项卡的"特征"面板中单击"更多"|"筋板"按钮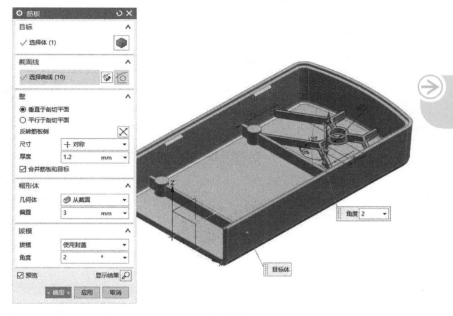，弹出"筋板"对话框。选择上一步骤所创建的草图，在"筋板"对话框中分别设置壁、帽形体、拔模等选项与参数，如图 3-158 所示，然后单击"确定"按钮。

图 3-158　创建筋板特征

15）创建孔特征。在功能区"主页"选项卡的"特征"面板中单击"孔"按钮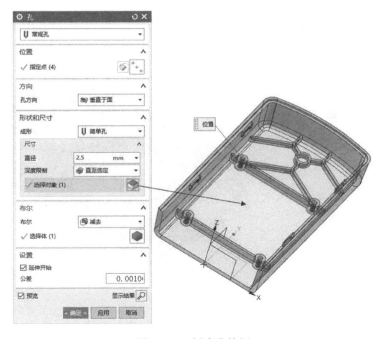，弹出"孔"对话框。确保"选择条"工具栏的"圆弧中心"按钮处于被选中的状态，分别选择 4 个圆柱端面的圆心作为孔的位置点。在"形状和尺寸"选项组的"成形"下拉列表框中选择"简单孔"，设置"直径"为"2.5mm"，"深度限制"选项为"直至选定"选项，单击"选择对象"按钮，选择壳的内部底部，如图 3-159 所示，单击"确定"按钮。

图 3-159　创建孔特征

16）创建一个拉伸特征。在功能区"主页"选项卡的"特征"面板中单击"拉伸"按钮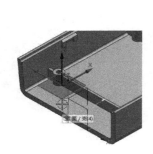，弹出"拉伸"对话框。选择图 3-160 所示的实体面作为草图平面，绘制图 3-161 所示的草图，单击"完成"按钮，返回到"拉伸"对话框。

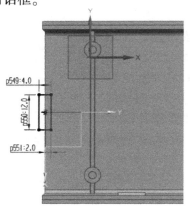

图 3-160　选择实体面指定草图平面　　　　　图 3-161　草绘矩形

在"拉伸"对话框的"限制"选项组中，设置开始"距离"值为"–1mm"，结束"距离"值为"1.5mm"；在"布尔"选项组的"布尔"下拉列表框中选择"合并"选项；在"拔模"选项组的"拔模"下拉列表框中选择"无"选项，在"偏置"选项组的"偏置"下拉列表框中选择"无"选项，在"设置"选项组的"体类型"下拉列表框中选择"实体"选项，如图 3-162 所示，然后单击"确定"按钮。

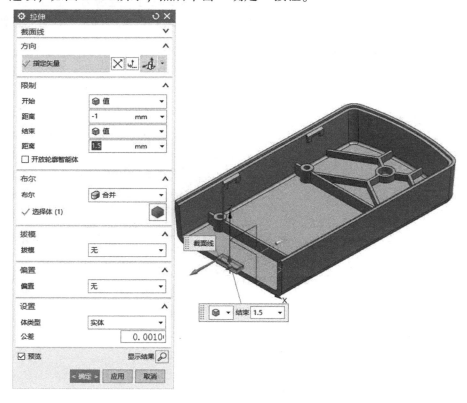

图 3-162　拉伸设置

17）倒斜角。在功能区"主页"选项卡的"特征"面板中单击"倒斜角"按钮🔷，弹出"倒斜角"对话框，在"偏置"选项组的"横截面"下拉列表框中选择"对称"选项，在"距离"文本框中输入"1.5"，在"设置"选项组的"偏置法"下拉列表框中选择"偏置面并修剪"选项，选择图 3-163 所示的一条边进行倒斜角操作，单击"确定"按钮。

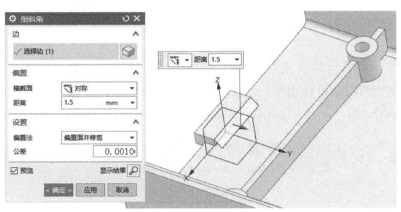

图 3-163　选择一条边进行倒斜角操作

18）保存文件。此时可以将基准坐标系（0）特征设置为隐藏。

在"快速访问"工具栏中单击"保存"按钮📄，保存文件。

四、思考与实训

1）如何规划"筋板"特征中的草图曲线？

2）"镜像特征""镜像面""镜像几何体"这 3 个工具命令有什么异同之处？

3）使用"阵列特征"工具命令可以创建哪些类型的阵列？

4）上机实训：自行设计一个塑料外壳，要求至少用到"拉伸""壳""边倒圆""倒斜角""阵列特征""筋板""孔"这些工具命令。

5）上机实训：自行设计一款优盘的塑料外壳。

第 4 章　NX 曲面设计

本章导读 《

NX 具有强大的曲面设计功能。本文介绍一个项目任务，让初学者通过项目范例学习 NX 曲面设计功能。

| 项目任务 | ◦◦◦◦ | 咖啡壶曲面造型 |

学习目标 《

- ● 熟悉 NX 曲面设计概念及流程。
- ● 理解空间曲线在曲面设计中的作用。
- ● 掌握常用创建和编辑曲面的相关工具按钮。
- ● 了解弯边曲面的概念和范畴。
- ● 掌握沿引导线扫掠曲面的创建方法及步骤。

一、　工作任务

要求：创建图 4-1 所示的咖啡壶曲面造型。

图 4-1　某咖啡壶曲面造型

二、　知识点

1. NX 曲面设计的概念及建模步骤

曲面设计在现代产品设计中具有举足轻重的作用，如果在一个产品中巧妙地融入一些曲面元素，哪怕是简洁的，只要符合人体功能学、有利于美学发现和功能应用，那么该产品在第一视觉感官上一般都会受到大多数人的喜爱。

在 NX 中，与实体相对的概念是片体，所谓片体其实就是零厚度面，即片体的厚度为零，片体也就是曲面。曲面可以由单补片或多补片组成，单补片曲面由一个曲面参数方程表达，多补片曲面由多个曲面参数方程表达。曲面的参数方程其实可以拆解为带有 U 和 V 两个参数的变量，并包含相应的阶数，换个角度来理解就是曲面片体可以用 U、V 两个方向来表征。

曲面设计的建模步骤一般可以归纳如下。

1）构建所需的曲线。

2）根据相关曲线构建主要的曲面。

3）对所创建的曲面进行桥接或其他编辑、修改处理，直到获得最终的曲面造型。

不少特征创建工具既可以创建实体也可以创建曲面，这给曲面设计增加了灵活性。

2. 曲面建模的知识脉络

要创建片体曲面，需要在对应特征对话框的"设置"选项组中，从"体类型"下拉列表框中选择"片体"选项。

此外，NX 还提供了丰富的曲面建模工具，它们位于功能区"曲面"选项卡上，如图 4-2 所示。下面以表格的形式将这些工具按钮列举出来，以便用户查阅。

图 4-2　功能区"曲面"选项卡

1）首先是位于功能区"曲面"选项卡的"曲面"面板中的相关工具命令，见表 4-1。

表 4-1　曲面工具一览表（归属于"曲面"面板的）

序　号	命　　令	按　钮	功能含义
1	NX 创意塑型		启动"NX 创意塑型"任务环境
2	艺术曲面		用任意塑料的截面和引导线串创建曲面
3	通过曲线网格		通过一个方向的截面网格和另一方向的引导线创建体，此时直纹形状匹配曲线网格
4	通过曲线组		通过多个截面创建体，此时直纹形状改变以穿过各截面
5	扫掠		通过沿一条或多条引导线扫掠截面来创建体，使用各种方法控制沿着引导线的形状
6	规律延伸		动态地或基于距离和角度规律，从基本片体创建一个规律控制的延伸
7	面倒圆		在选定面组之间添加相切圆角面，圆角形状可以是圆形、二次曲线或规律控制
8	美学面倒圆		在圆角的圆角切面处施加相切或曲率约束时倒圆曲面，圆角截面形状可以是圆形、锥形或切入类型
9	样式倒圆		倒圆曲面并将相切和曲率约束应用到圆角的相切曲线

（续）

序 号	命 令	按 钮	功 能 含 义
10	桥接		创建合并两个面的片体
11	倒圆拐角		创建一个补片以替换倒圆的拐角处的现有面部分，或替换部分交互圆角
12	边倒圆		对面之间的锐边进行倒圆，半径可以是常数或变量
13	样式拐角		在即将产生的三个弯曲面的相交处创建一个精确的、美观的一流质量拐角
14	四点曲面		通过指定四个拐角来创建曲面，其快捷键为〈Ctrl + 4〉
15	快速造面		从小平面体创建曲面模型
16	填充曲面		根据一组边界曲线和/或边创建曲面
17	拟合曲面		可以通过将自由曲面、平面、球、圆柱或圆锥拟合到指定的数据点或小平面体来创建它们
18	有界平面		创建由一组端点相连的平面曲线封闭的平面片体
19	条带构建器		沿一个矢量方向创建垂直于轮廓的片体
20	修补开口		创建片体以将开口插入到一组面中，以完成修补开口
21	直纹		在直纹形状为线性转换的两个截面之间创建体
22	N边曲面		创建由一组端点相连曲线封闭的曲面
23	拉伸		沿矢量拉伸一个截面来创建实体或曲面片体特征
24	旋转		通过绕轴旋转截面来创建实体或曲面片体特征
25	样式扫掠		从一组曲线创建一个精确的、光滑的一流质量曲面
26	截面曲面		用二次曲线构造技法定义的截面创建片体
27	变化扫掠		通过沿路径扫掠横截面来创建体，此时横截面形状沿路径改变
28	沿引导线扫掠		通过沿引导线扫掠截面来创建体
29	管		通过沿曲线扫掠圆形横截面创建实体，可以选择外径和内径
30	扫掠体		使用各种选项沿着路径扫掠一个工具实体来控制工具相对于路径的方向，然后从目标体中减去它或将其与目标体相交
31	延伸曲面		从基本片体创建延伸片体
32	轮廓线弯边		创建具备光顺边细节、最优化外观形状和斜率连续性的一流质量曲面（A类曲面）
33	面对		创建薄壁实体对立面之间的连续曲面特征
34	用户定义		使用用户定义的片体作为中面
35	偏置	——	使用基于体的偏置创建中面片体

2）功能区"曲面"选项卡的"曲面操作"面板提供有表4-2所示的曲面操作工具按钮，注意各自的功能用途。

3）功能区"曲面"选项卡的"编辑曲面"面板中提供有表4-3所示的编辑曲面工具按钮。

可以将"规律延伸""轮廓线弯边""延伸曲面"这三个功能归纳到弯边曲面的知识范畴里，它们都能通过曲面边来获得相应的曲面。

按照曲面构建方式和特点来划分，可以将NX曲面建模的创建与编辑工具划分为以下3类。

表4-2　曲面操作工具一览表

序　号	命　令	按　钮	功 能 含 义
1	抽取几何特征		为同一部件中的体、面、曲线、点和基准创建关联副本，并为体创建关联镜像副本
2	偏置曲面		通过偏置一组面创建体
3	修剪片体		减去片体的一部分
4	修剪体		减去体的一部分
5	修剪和延伸		修剪或延伸一组边或面以与另一组边或面相交
6	延伸片体		按距离或与另一个体的交点延伸片体
7	剪断曲面		在指定点分割曲面或剪断曲面中不需要的部分
8	缝合		通过将公共边缝合在一起来组合片体，或通过缝合公共面来组合实体
9	修补		修改实体或片体，方法是将面替换为另一片体的面
10	取消缝合		取消缝合体中的面
11	加厚		通过为一组面增加厚度来创建实体
12	凸起		用沿着矢量投影截面形成的面修改体，可以选择端盖位置和形状
13	组合		组合多个相交片体的区域
14	拆分体		将一个体拆分为多个体
15	取消修剪		移除修剪过的边以形成边界自然的面
16	分割面		将一个面分为多个面
17	删除边		删除片体中的边或边链，以移除内部或外部边界
18	抽壳		通过应用壁厚并打开选定的面修改实体
19	缩放体		缩放实体或片体
20	可变偏置		使面偏置一个距离，该距离可能在四个点处有所变化
21	变距偏置面		偏置体的多个区域，其中部分区域为恒定偏置，部分区域为可变偏置，以在恒定偏置区域之间桥接

表4-3　编辑曲面的工具按钮一览表

序　号	命　令	按　钮	功 能 含 义
1	X 型		编辑样条和曲面的极点和点
2	I 型		通过编辑等参数曲线来动态修改面
3	匹配边		修改曲面，使其与参考对象的共有边界几何连续
4	边对称		修改曲面，使之与其关于某个平面的镜像实现几何连续
5	扩大		更改未修剪的片体或面的大小
6	整体变形		使用由函数、曲线或曲面定义的规律使曲面区域变形
7	整修面		改进面的外观，同时保留原先几何体的紧公差
8	编辑 U/V 向		修改 B 曲面几何体的 U/V 向
9	展平和成形		将面展平为平面，并将这些修改重新应用于其他对象
10	全局变形		在保留其连续性与拓扑时，在其变形区域或补偿位置创建片体

（续）

序　号	命　　令	按　钮	功　能　含　义
11	剪断为片体		将 B 曲面分割为自然补片
12	局部取消修剪和延伸		取消对片体某个部分的修剪，或延伸面或删除片体上的内孔
13	光顺极点		通过计算选定极点对于周围曲面的恰当位置，修改极点分布
14	法向反向		反转片体的曲面法向

1）由点构面：根据现有点或导入的点来创建曲面，主要工具有"通过点"、"从极点"、"四点造面"等。使用这些工具命令创建的曲面与点数据之间可不存在关联性（即可具有非参数化的特点），所创建的曲面光顺性比较难控制。

2）由线构面：构建好曲线后，根据已有曲线来构建曲面，主要的工具有"通过曲线网格"按钮、"艺术曲面"按钮、"通过曲线组"按钮、"直纹"按钮、"变化扫掠"按钮等。使用这些工具命令创建的曲面能与曲线关联，若对曲线进行编辑，则曲面也将随之变化。由线构面是 NX 构造曲面的主要方法。

3）由面构面：由曲线构面后，还可以通过对一些曲面进行桥接、编辑修改等操作，来获得新的曲面片体。由面构面的工具主要有"桥接"按钮、"规律延伸"按钮、"延伸片体"按钮、"偏置曲面"按钮、"裁剪片体"按钮、"剪断曲面"按钮等。

3. 曲面建模的一些经验性原则与技巧

曲面建模是建模工作比较重要的一个环节，是对建模设计师能力考核的一个重点方面。曲面建模有一定的经验与技巧，使用好可以减少一些盲目或不合理的建模操作。在曲面建模中，设计者一定要认真考虑以下几点，掌握曲面建模的一些经验性原则与技巧。

1）要更好地控制曲面形状，使其便于修改，尽可能搭建质量高的曲线来构建曲面，这些质量高的曲线要尽可能简单化，保证光顺连接（如相切或曲率连续），避免产生尖角、重叠或交叉等现象。

2）曲面的曲率半径应尽可能大一些，过小的曲率半径往往会使曲面加工困难。

3）NX 大多数命令所构建的曲面具有参数化的特征，曲面与曲线具有关联性，当构建曲面的曲线被编辑修改后，曲面也会随之自动更新。常规曲面尽量使用参数化的曲面，除非设计有要求。如果提供有测量的数据点，那么最好的方式是依据这些数据点生成所需的曲线，再利用这些曲线来生成参数化曲面。而某些复杂曲面却适合使用非参方式建模。

4）根据不同曲面的特点，合理使用相关的曲面构造方法，灵活应用。虽然有些曲面片体可以通过多种方法获得，但在设计时应该选择最易于控制和修改曲面的方法来进行操作。

5）曲面建模一般先构造较大的或重要的曲面，再对曲面细节、消失面、各曲面之前的桥接关系等做处理。

6）在使用曲面编辑和修改工具时，一定要注意哪些工具需要移除曲面模型的参数化。

7）曲面与曲面之间可以创建多种形式的圆角，圆角一般可以先大后小，先少后多，先支路后干路，对于同类型的边可一起倒。如果曲面模型能转化为实体，那么曲面与曲面之间的圆角过渡应尽可能放到实体上来执行。

8）了解曲面连续性的概念，在创建或编辑曲面时，要合理地利用连续性参数设置曲面的连续性以控制曲面的形状与质量，NX 采用 G0（位置，点连续）、G1（相切连续）、G2

（曲率连续）和 G3（曲率相切连续）来表示连续性。

三、任务实施步骤

本项目任务的实施步骤如下。

1）启动 NX 并新建一个部件文件。在计算机桌面视窗上双击 "NX 快捷方式" 图标，启动 NX 软件。接着在功能区 "主页" 选项卡的 "标准" 面板中单击 "新建" 按钮，弹出 "新建" 对话框，从 "模型" 选项卡中选择单位为 "毫米"、名为 "模型" 的公制模板，再指定文件名为 "咖啡壶曲面造型 X"，自行指定文件夹（保存路径），然后单击 "确定" 按钮。

2）创建第一个圆弧特征。在功能区切换至 "曲线" 选项卡，在 "曲面" 面板中单击 "圆弧/圆" 按钮，弹出 "圆弧/圆" 对话框，从 "类型" 下拉列表框中选择 "从中心开始的圆弧/圆" 选项，如图 4-3 所示。在 "中心点" 选项组中单击 "点构造器" 按钮，弹出 "点" 对话框，从 "坐标" 下拉列表框中选择 "绝对坐标系 – 工作部件" 选项，分别设置 X = 0、Y = 0、Z = 0，从 "偏置" 选项组的 "偏置选项" 下拉列表框中选择 "无" 选项，如图 4-4 所示，然后单击 "确定" 按钮。

图 4-3　"圆弧/圆" 对话框

图 4-4　"点" 对话框

在 "通过点" 选项组的 "终点选项" 下拉列表框中选择 "半径" 选项，在 "大小" 选项组的 "半径" 文本框中输入半径为 "30"，在 "支持平面" 选项组的 "平面选项" 下拉列表框中选择 "选择平面" 选项，选择 "自动判断" 图标选项，选择基准坐标系（0）的 XY 平面，默认距离为 0mm，在 "限制" 选项组中取消勾选 "整圆" 复选框，设置起始限制角度为 " – 90°"，终止限制角度值为 "90°"，必要时可单击 "补弧" 按钮来进行切换，直到获得所需的圆弧段，在 "设置" 选项组中勾选 "关联" 复选框，如图 4-5 所示，然后单击"确定"按钮，完成创建图 4-6 所示的一个圆弧。

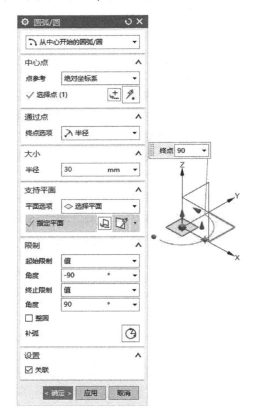

图 4-5　指定圆半径、支持平面及限制条件等

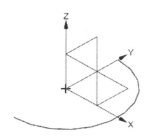

图 4-6　创建一个圆弧特征

3）进行移动复制操作。按〈Ctrl + T〉快捷键启用"移动对象"命令，系统弹出"移动对象"对话框。选择已有圆弧特征作为要移动的对象，接着在"变换"选项组的"运动"下拉列表框中选择"距离"选项，从"指定矢量"下拉列表框中选择"ZC 轴"选项ᶻᶜ，在"距离"框中输入"50"后按〈Enter〉键，在"结果"选项组中选中"复制原先的"单选按钮，从"图层选项"下拉列表框中选择"原始"选项，在"距离/角度分割"框中输入"1"，在"非关联副本数"框中输入"2"，如图 4-7 所示，然后单击"确定"按钮。

4）修改中间一个圆弧（第二个圆弧）的直径。在图形窗口中双击中间一个圆弧（第二个圆弧），弹出"圆弧/非关联"对话框，从"类型"下拉列表框中选择"从中心开始的圆弧/圆"选

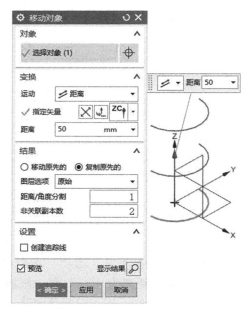

图 4-7　移动复制操作

项，在"大小"选项组的"半径"框中设置新"半径"为"46mm"，如图 4-8 所示，然后单击"确定"按钮。

5）创建一个草图。在功能区"曲线"选项卡的"曲线"面板中单击"在任务环境中绘制"按钮 ，弹出"创建草图"对话框，草图类型为"在平面上"，从"平面方法"下拉列表框中选择"新平面"选项，选择"按某一距离"选项 ，选择基准坐标系的 XY 平面，设置其相应的偏移距离为"150mm"，在"草图方向"选项组默认"参考"选项为"水平"，以自动判断的方式选择基准坐标系的 X 轴，如图 4-9 所示，单击"确定"按钮，绘制图 4-10 所示的草图，注意下方一小段为椭圆弧段，注意椭圆弧左端点处垂直于 Y 轴，单击"完成"按钮 。

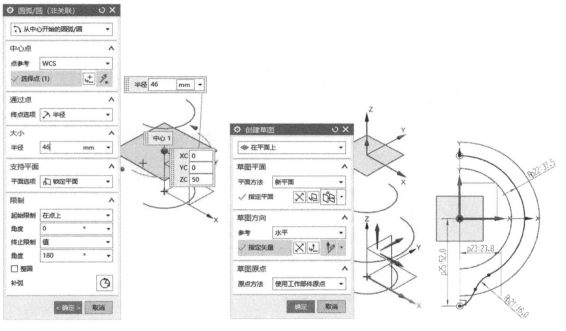

图 4-8　修改选定圆的直径　　　图 4-9　指定草图平面　　　图 4-10　绘制草图

6）使用"通过曲线组"工具来创建曲面。在功能区"曲面"选项卡的"曲面"面板中单击"通过曲线组"按钮 ，弹出图 4-11 所示的"通过曲线组"对话框，单击最上方的曲线（曲线 D）作为第一条线串，如图 4-12 所示。单击鼠标中键以切换至第二条线串，也可以单击"截面"选项组的"添加新集"按钮。

接着选择从上方算起的曲线 C，单击鼠标中键，选择曲线 B，单击鼠标中键，再选择曲线 A，如图 4-13 所示，一共四组曲线。

知识点拨：

如果发现某一组的曲线选择有误，那么可以在"截面"选项组的"列表"框内选择该组所在的行，单击"删除"按钮 ，再重新添加新集进行重新选择即可。

在"设置"选项组的"体类型"下拉列表框中选择"片体"，从"对齐"选项组的"对齐"下拉列表框中选择"弧长"选项，从"输出曲面选项"选项组的"补片类型"下拉列表框中选择"多个",取消勾选"垂直于终止截面"复选框,从"构造"下拉列表框中选择"法向"选项,在"连续性"选项组中将第一个截面和最后一个截面的连续性选项均设置为"G0(位置)",如图 4-14 所示。

图 4-11　"通过曲线组"对话框

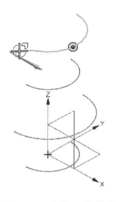

图 4-12　选择一个曲线

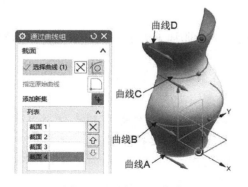

图 4-13　选择 4 组曲线

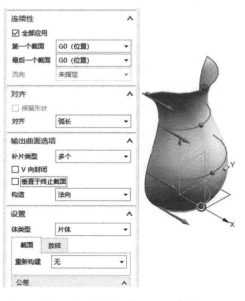

图 4-14　设置相关选项及参数

在"通过曲线组"对话框中单击"确定"按钮，如图 4-15 所示。

7）镜像特征。在功能区切换至"主页"选项卡，在"特征"面板中单击"更多" |
"镜像特征"按钮，弹出"镜像特征"对话框，选择"通过曲线组"曲面特征作为要镜
像的特征，在"镜像特征"对话框"镜像平面"选项组的"平面"下拉列表框中选择"现
有平面"选项，单击"选择平面"按钮，在图形窗口中选择基准坐标系的 YZ 平面，如
图 4-16所示。

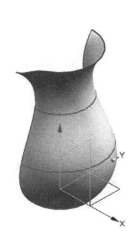

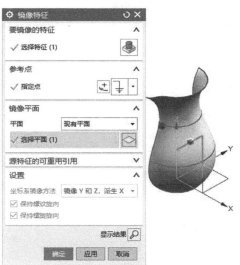

图 4-15 完成第一个曲面   图 4-16 镜像特征的相关设置及操作

在"镜像特征"对话框中单击"确定"按钮，镜像特征的结果如图 4-17 所示。

8）绘制一条草图线。在功能区"主页"选项卡的"直接草图"面板中单击"草图"
按钮，弹出"创建草图"对话框，从"平面方法"下拉列表框中选择"自动判断"，选
择基准坐标系的 YZ 平面作为草图平面，单击"确定"按钮，进入草图模式。

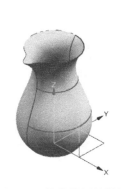

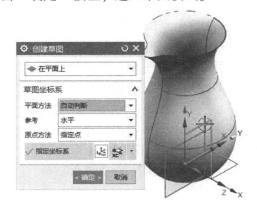

图 4-17 镜像特征的结果   图 4-18 选择 YZ 平面作为草图平面

单击"艺术样条"按钮，弹出图 4-19 所示的"艺术样条"对话框，选择"通过点"
选项，在图形窗口中分别指定 5 个点来绘制一条样条曲线，如图 4-20 所示，单击"艺术样
条"对话框的"确定"按钮。

图 4-19 "艺术样条"对话框

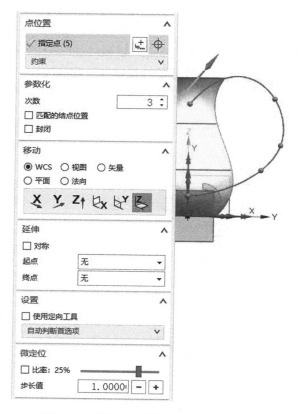

图 4-20 指定 5 个点绘制一条样条曲线

单击"几何约束"按钮，接着在"几何约束"对话框的"约束"列表中单击"点在曲线上"图标，分别将样条的两个端点设置在坐标轴上。接着使用"快速尺寸"按钮为样条的相关点创建所需的尺寸，如图 4-21 所示，然后单击"完成"按钮。

9）绘制另一个草图。使用同样的方法，单击"草图"按钮，选择基准坐标系的 XZ 平面作为草图平面，进入草图模式后绘制图 4-22 所示的一个圆，单击"完成"按钮。

10）隐藏一些曲线和草图对象。在上边框条上单击"菜单"按钮并接着选择"编辑"｜"显示和隐藏"｜"隐藏"命令，也可以直接按快捷键〈Ctrl + B〉，系统弹出"类选择"对话框，分别选择要隐藏的对象 1、2、3、4，如图 4-23 所示，然后单击"确定"按钮，从而将所选的这 4 个对象隐藏。

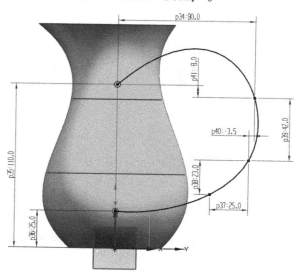

图 4-21 绘制一条样条曲线

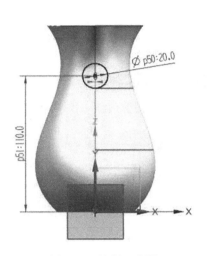

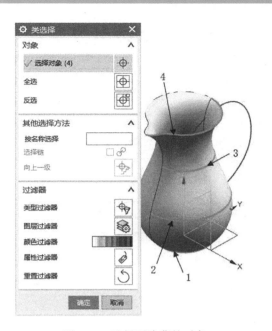

图 4-22 绘制一个圆　　　　　　　　图 4-23 选择要隐藏的对象

11）缝合曲面。在功能区切换至"曲面"选项卡，在"曲面操作"面板中单击"缝合"按钮 ，弹出图 4-24 所示的"缝合"对话框，从"缝合类型"下拉列表框中选择"片体"选项，在"设置"选项组中勾选"输出多个片体"复选框，从"体类型"下拉列表框中选择"片体"选项，选择最早创建的曲面片体作为目标片体，再选择另一个曲面片体作为工具片体，如图 4-25 所示，然后单击"确定"按钮。

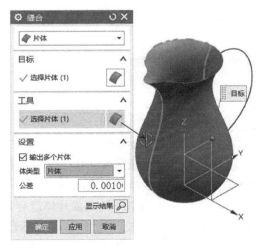

图 4-24 "缝合"对话框　　　　　　图 4-25 指定目标片体和工具片体

12）创建 N 边曲面 1 和 N 边曲面 2。在功能区"曲面"选项卡的"曲面"面板中单击"更多"｜"N 边曲面"按钮 ，弹出图 4-26 所示的"N 边曲面"对话框。从"类型"下拉列表框中选择"已修剪"选项，在图形窗口中选择外环的曲线链，如图 4-27 所示，注意曲线选择规则为"相切曲线"。

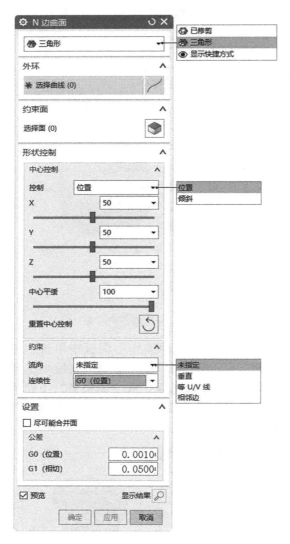

图 4-26 "N 边曲面"对话框

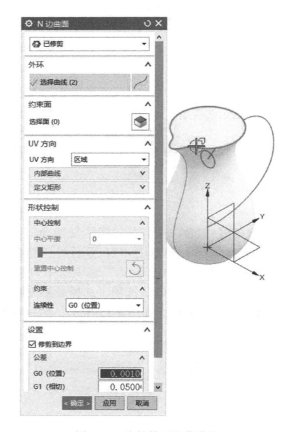

图 4-27 选择外环的曲线链

在"N 边曲面"对话框中单击"应用"按钮，完成创建 N 边曲面 1。

将鼠标指针置于图形窗口中，按住鼠标中键的同时移动鼠标以翻转模型视图，选择壶底圆边作为外环的曲线链，如图 4-28 所示，然后单击"确定"按钮，完成创建 N 边曲面 2。

13）将形成封闭空间的曲面片体缝合成实体。在功能区"曲面"选项卡的"曲面操作"面板中单击"缝合"按钮 ，弹出"缝合"对话框，从第一个下拉列表框中选择"片体"选项，选择壶身曲面片体作为目标片体，接着分别选择 N 边曲面 1 和 N 边曲面 2 作为工具片体，并在"设置"选项组的"体类型"下拉列表框中选择"实体"选项，默认勾选"输出多个片体"复选框，如图 4-29 所示，然后单击"确定"按钮。

14）通过沿引导线扫掠来生成把手实体。在功能区"曲面"选项卡的"曲面"面板中单击"更多" | "沿引导线扫掠"按钮 ，弹出图 4-30 所示的"沿引导线扫掠"对话框。

临时将模型渲染显示样式设置为"带有淡化边的边框"按钮 ，在图形窗口中单击图

4-31 所示的圆作为扫掠截面线。

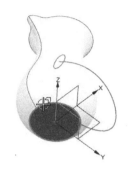

图 4-28 选择壶底圆边

图 4-29 将片体缝合成实体

图 4-30 "沿引导线扫掠"对话框

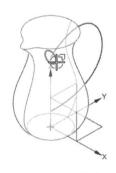

图 4-31 选择扫掠截面线

在"沿引导线扫掠"对话框中的"引导"选项组中单击"选择曲线"按钮，在图形窗口中选择一条样条曲线作为引导线，如图 4-32 所示。

在"偏置"选项组中将"第一偏置"值和"第二偏置"值均设置为"0mm"，在"布尔"选项组的"布尔"下拉列表框中选择"合并"选项，在"设置"选项组的"体类型"下拉列表框中确保选择"实体"选项，如图 4-33 所示。

在"沿引导线扫掠"对话框中单击"确定"按钮，此时可以单击"着色"按钮，并将基准坐标系隐藏起来，可以看到图 4-34 所示的模型显示效果。

15）创建边倒圆。在功能区"主页"选项卡的"特征"面板中单击"边倒圆"按钮，弹出"边倒圆"对话框，设置圆形半径为"3mm"，选择 3 条边链，如图 4-35 所示，然后单击"确定"按钮。

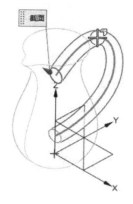

图 4-32 指定引导线

图 4-33 相关设置

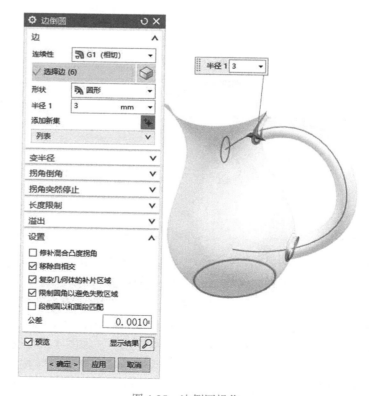

图 4-34 着色和隐藏了基准坐标系

图 4-35 边倒圆操作

圆角后的效果如图 4-36 所示。

16）抽壳操作。在功能区"主页"选项卡的"特征"面板中单击"抽壳"按钮，弹出"抽壳"对话框，选择"移除面，然后抽壳"，选择壶顶的平整面作为要移除的面，设置"厚度"为"2.68mm"，确保选择"相切延伸面"选项，如图 4-37 所示，单击"确定"按钮。

图 4-36　圆角后的效果　　　　　图 4-37　抽壳操作

17）隐藏草图曲线。在部件导航器的模型历史记录的树中将图 4-38 所示的两个草图曲线对象隐藏。

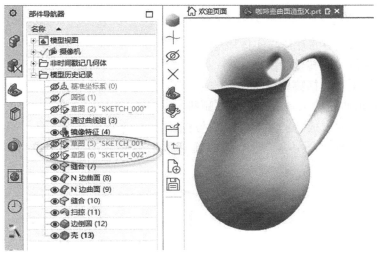

图 4-38　隐藏草图曲线

知识点拨：

隐藏草图曲线也可以这样操作，在上边框条单击"菜单"按钮并选择"编辑"｜"显示和隐藏"｜"显示和隐藏"命令，或者直接按〈Ctrl + W〉快捷键，弹出图 4-39 所示的"显示和隐藏"对话框，接着在该对话框中单击"草图"类型对应的"隐藏"按钮，即可将其隐藏，隐藏其他类型的对象也是一样。这种方法适合对某一类对象进行显示和隐藏操作。

18）保存模型文档。最终完成的咖啡壶模型效果如图 4-40 所示。

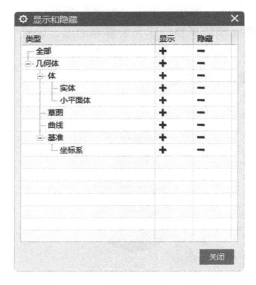

图 4-39 "显示和隐藏"对话框

图 4-40 咖啡壶模型

按〈End〉键以正等测图显示模型，接着在"快速访问"工具栏中单击"保存"按钮 🖺，或者按〈Ctrl + S〉快捷键，从而保存模型文档。

四、思考与实训

1）如何理解 NX 中的片体与实体概念？
2）如何将片体曲面转化为实体？
3）曲面操作主要包括哪些？
4）NX 中编辑曲面的工具命令主要有哪些？
5）说一说曲面建模的一些经验性原则与技巧。
6）上机实训：根据图 4-41 所示的四通管模型效果，使用 NX 进行其三维模型建模练习。

图 4-41 四通管模型效果

第 5 章 同步建模与标准化建模

 本章导读 《

NX 的同步建模功能和标准化建模功能是比较强大的，前者用来修改模型很方便，后者通过输入相关的技术参数便可以快速地创建相应的标准齿轮、弹簧等模型。本文介绍三个项目任务，让初学者通过项目范例学习 NX 的同步建模功能和标准化建模功能。

项目任务一 ••••• 同步建模案例

 学习目标 《

- ◎ 了解什么是同步建模。
- ◎ 掌握常用的同步建模工具命令的应用。
- ◎ 使用同步建模工具来修改模型。

一、 工作任务

要求：使用同步建模工具来对一个 stp 格式的外来模型进行编辑处理，该外来模型为某外壳零件，参考效果如图 5-1 所示。

图 5-1 某产品外壳零件

二、 知识点

1. 同步建模概念

同步建模是 NX 的一种比较值得称赞的建模方法，通过使用同步建模工具命令，设计人员可以在不考虑设计意图的情况下在已存储的特征历史记录中修改部件几何特性，如拉伸面、修改圆角半径、移动某个几何对象等。同步建模的好处是可以直接使用模型，模型中的几何元素不会重新构建或转换，因此多用同步建模来修改这些模型：从其他 CAD 系统导入的模型；非关联的、不包括任何特征的模型；包含特征的原生 NX 模型。可以这么说，在不考虑模型的来源、关联或特征历史记录的情况下可使用同步建模命令来修改该模型。

2. 熟悉同步建模工具

同步建模工具命令位于功能区"主页"选项卡的"同步建模"面板中，如图5-2所示。

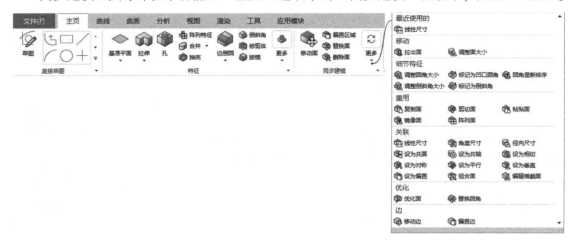

图 5-2 "同步建模"工具命令的出处

同步建模工具命令的功能含义见表5-1。

表 5-1 同步建模工具命令一览表

序 号	按 钮	命 令	功 能 含 义
1		移动面	移动一组面，并自动调整相邻的圆角面
2		移动边	从当前位置移动一组边，并调整相邻的面与之适应
3		拉出面	将一个面抽取出模型以添加材料，或将一个面拖进模型以减去材料
4		偏置区域	使一组面偏离当前位置，并调整相邻的圆角面
5		偏置边	从当前位置偏置一组边，并调整相邻的面与之适应
6		调整面的大小	更改圆柱面、圆锥面或球面的直径，并自动更新相邻的圆角面
7		替换面	更改面的几何体，例如，使它更加简单，或是将它替换成复杂曲面
8		调整圆角大小	编辑圆角面的半径，而不管它们的特征历史记录如何
9		标记为凹口圆角	将面识别为凹口倒圆，以在使用同步建模命令时将它重新倒圆
10		圆角重新排序	更改对刮凸面的两个相交倒圆的顺序。例如将从"B 超过 A"改为"A 超过 B"
11		调整倒斜角大小	更改倒斜角的偏置值，而不考虑其特征历史记录。它必须先识别为倒斜角
12		标记为倒斜角	将面标识为倒斜角，以允许调整倒斜角大小将它识别为倒斜角
13		删除面	从模型中删除面集，并且通过扩展相邻面修复留在模型中的开放区域
14		剪切面	复制面集，从体中删除该面，并且修复留在模型中的开放区域
15		复制面	从体复制面集，保持原面不动
16		粘贴面	将剪切的面集粘贴到目标体中
17		镜像面	复制面集，关于一个平面镜像此面集，然后将其粘贴到部件中
18		阵列面	复制圆形或矩形阵列中的一组面，或镜像这些面并将其添加到体中
19		设为共面	将一个平的面修改为与另一个面共面

（续）

序　号	按　钮	命　令	功　能　含　义
20		设为共轴	将一个圆柱或圆锥修改为与另一个圆柱或圆锥共轴
21		设为相切	修改面，使之与另一个面相切
22		设为对称	将一个面修改为与另一个面关于对称平面对称
23		设为平行	修改平的面，使之与另一个面平行
24		设为垂直	修改平的面，使之与另一个面垂直
25		设为偏置	修改某个面，使之从另一个面偏置
26		线性尺寸	通过将线性尺寸添加至模型并修改其值来移动一个面集
27		角度尺寸	通过向模型添加角度尺寸接着更改其值来移动一组面
28		径向尺寸	通过添加径向尺寸接着修改其值来移动一组圆柱或球形面，或者具有圆周边的面
29		组合面	将多个面收集为一个组
30		编辑横截面	通过在草图中编辑横截面来修改实体。系统将保存横截面草图，用户可以使用该草图及其约束执行进一步的编辑
31		优化面	简化曲面类型，如合并面、提高边精度及识别圆角
32		替换圆角	将看似圆角的 B 曲面转换为圆角特征

三、任务实施步骤

本项目任务的实施步骤如下。

1）启动 NX 并打开 ＊.stp 外来模型。在计算机桌面视窗上双击"NX 快捷方式"图标，启动 NX 软件。接着在功能区"主页"选项卡的"标准"面板中单击"打开"按钮，弹出"打开"对话框，从本书配套资料包的 CH5 文件夹里选择"bc_5_外壳.stp"，然后单击"确定"按钮。该文件中存在的外壳零件如图 5-3 所示，显然在部件导航器的模型历史记录中只有"体（1）"一个记录。

2）偏距选定面。在功能区"主页"选项卡的"同步建模"面板中单击"偏置区域"按钮，弹出图 5-4 所示的"偏置区域"对话框。

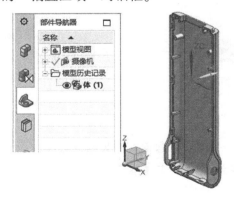

图 5-3　已有的外壳零件

图 5-4   "偏置区域"对话框

此时，"面"选项组的"选择面"按钮 处于被选中的状态，确保面规则为"单个面"，选择图 5-5 所示的实体面作为要偏置的面，在"偏置"选项组的"距离"文本框中输入"0.5"，并在"设置"选项组的"溢出行为"下拉列表框中选择"自动"选项，如图 5-6所示。

图 5-5　选择要偏置的面

图 5-6　设置偏置距离等

🖊 操作技巧：

在选择要偏置的面之前，一定要注意设置面规则的选项，以便稍后快速有效地选择所需要的偏置面。"面规则"下拉列表框位于上边框条的"选择条"工具条上，如图 5-7 所示。面规则的选项有"单个面""相切面""相邻面""特征面""区域面""区域边界面""凸台面或腔面""筋板面""键槽面"。

在"偏置区域"对话框中单击"确定"按钮。

图 5-7　"面规则"下拉列表框

3）移动面。在功能区"主页"选项卡的"同步建模"面板中单击"移动面"按钮🎛，弹出图 5-8 所示的"移动面"对话框。确保"选择面"按钮🔵处于被选中的状态，以及从"面规则"下拉列表框中选择"筋板面"选项，在外壳零件模型中单击图 5-9 所示的一个面以选中其所在的整个筋板面。

图 5-8　"移动面"对话框

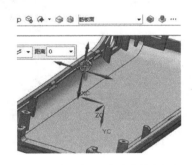

图 5-9　选择要移动的筋板面

在"变换"选项组的"运动"下拉列表框中选择"距离"选项，从"指定矢量"下拉列表框中选择"ZC 轴"选项ᶻᶜ，"距离"为"5mm"，如图 5-10 所示，再在"设置"选项组的"移动行为"下拉列表框中选择"移动和改动"选项，从"溢出行为"下拉列表框中选择"自动"选项，从"阶梯面"下拉列表框中选择"无"选项。

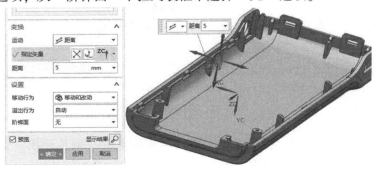

图 5-10　按距离来移动面

单击"移动面"对话框的"确定"按钮。

4）编辑圆角半径。在功能区"主页"选项卡的"同步建模"面板中单击"更多"｜"调整圆角大小"按钮 🔧 ，弹出图 5-11 所示的"调整圆角大小"对话框。

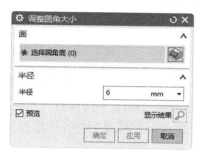

图 5-11　"调整圆角大小"对话框

分别选择要调整圆角大小的 4 个圆形曲面，如图 5-12 所示，系统会在"调整圆角大小"对话框中显示这 4 个圆形曲面的现有圆角大小（它们原本大小是一样的）。

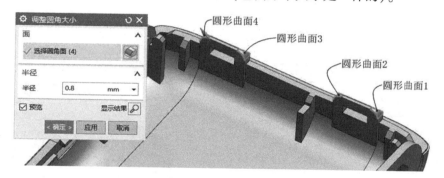

图 5-12　选择要调整圆角大小的 4 个圆形曲面

在"调整圆角大小"对话框的"半径"选项组中将"半径"更改为"1mm"，如图 5-13 所示，然后单击"确定"按钮。

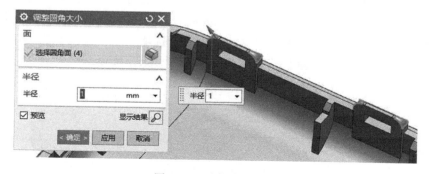

图 5-13　更改圆角半径

5）从实体中删除选定面。在功能区"主页"选项卡的"同步建模"面板中单击"删除面"按钮 🔧 ，弹出图 5-14 所示的"删除面"对话框。

从"类型"下拉列表框中选择"面"选项，接着将面规则设置为"相切面"，在图5-15所示的圆孔内单击以选择要删除的相切面。

图 5-14　"删除面"对话框　　　　　　　　图 5-15　选择要删除的面

在"设置"选项组中勾选"修复"复选框，接着取消勾选"删除部分圆角"复选框，勾选"预览"复选框，如图5-16所示，然后单击"确定"按钮。

图 5-16　删除面的相关设置

此时，通过同步建模工具命令处理过的模型如图5-17所示。

图 5-17　修改完成的模型效果

6）保存文件。

四、 思考与实训

1）什么是同步建模？

2）UG NX 提供的同步建模工具命令包括哪些？

3）请继续在本章上述同步建模实例中应用其他一些同步建模命令，如"拉出面""调整面大小""复制面""粘贴面""线性尺寸"等。

项目任务二 •·· 锥齿轮建模实例

学习目标 《

⊖ 了解齿轮的基本特点及参数。
⊖ 掌握各种齿轮工具的应用。

一、 工作任务

项目要求：进行图 5-18 所示的锥齿轮建模。

图 5-18　锥齿轮建模完成效果

二、 知识点

1. 圆柱齿轮

渐开线圆柱齿轮主要分直齿和斜齿两种，它们的主要参数有模数，分度圆直径、齿顶高、齿根高、齿高、齿顶圆直径、齿根圆直径、中心距、齿形角、顶隙系数等。

在功能区"主页"选项卡的"齿轮建模 – GC 工具箱"面板中单击"柱齿轮建模"按钮 🔧，弹出图 5-19 所示的"渐开线圆柱齿轮建模"对话框，利用该对话框可以进行创建齿轮、修改齿轮参数、齿轮啮合、移动齿轮、删除齿轮等操作。这里以创建一个渐开线直齿圆柱齿轮为例进行介绍。

1）在功能区"主页"选项卡的"齿轮建模 – GC 工具箱"面板中单击"柱齿轮建模"按钮 🔧，接着在弹出的"渐开线圆柱齿轮建模"对话框中选择"创建齿轮"单选按钮，单击"确定"按钮。

2）系统弹出图5-20所示的"渐开线圆柱齿轮类型"对话框以供用户设置创建的圆柱齿轮是直齿轮还是斜齿轮，是外啮合齿轮还是内啮合齿轮，加工类型是滚齿还是插齿。本例在第一组中选择"直齿轮"单选按钮，在第二组中选择"外啮合齿轮"，在第三组中选择"滚齿"单选按钮，单击"确定"按钮。

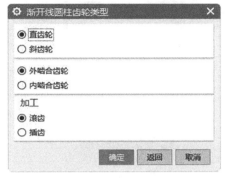

图5-19　"渐开线圆柱齿轮建模"对话框　　　　　图5-20　"渐开线圆柱齿轮类型"对话框

3）系统弹出"渐开线圆柱齿轮参数"对话框，该对话框提供有"标准齿轮"选项卡和"变位齿轮"选项卡。本例在"标准齿轮"选项卡上设置图5-21所示的标准渐开线圆柱齿轮参数，然后单击"确定"按钮。

4）利用弹出的"矢量"对话框来指定齿轮矢量生成方向。本例选择"ZC轴"，不用更改矢量方位方向，如图5-22所示，单击"确定"按钮。

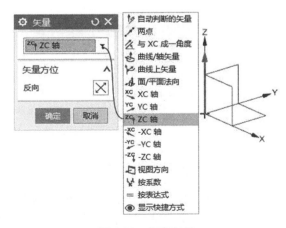

图5-21　"渐开线圆柱齿轮参数"对话框　　　　　　图5-22　指定矢量

5）系统弹出"点"对话框，本例设置点位置绝对坐标为 X = 0、Y = 0、Z = 0，如图5-23所示，然后单击"确定"按钮，NX生成图5-24所示的标准渐开线圆柱直齿轮。

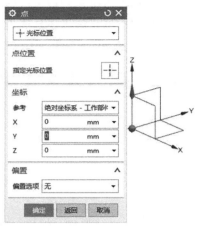

图 5-23　"点"对话框　　　　　　　图 5-24　标准渐开线圆柱直齿轮

假设设计要设变，需要将该标准渐开线圆柱直齿轮更改为变位齿轮，则可以按照以下方法步骤来执行。

1）功能区"主页"选项卡的"齿轮建模 – GC 工具箱"面板中单击"柱齿轮建模"按钮 ，接着在弹出的"渐开线圆柱齿轮建模"对话框中选择"修改齿轮参数"单选按钮，，如图 5-25 所示，单击"确定"按钮。

2）在系统弹出的"选择齿轮进行操作"对话框的列表中选择"gear_1（general gear）"，如图 5-26 所示，然后单击"确定"按钮。

图 5-25　选择"修改齿轮参数"单选按钮　　　图 5-26　选择齿轮进行操作

3）在弹出的"渐开线圆柱齿轮类型"对话框中设置图 5-27 所示的选项，单击"确定"按钮，弹出"渐开线圆柱齿轮参数"对话框。

4）切换至"变位齿轮"选项卡，单击"Default Value"按钮，接着再修改牙数等个别参数，注意最后单击相应的"参数估算"按钮来分别估算节圆直径和顶圆直径（注意以变位系数为 0.1、牙数为 28 为依据进行估算），如图 5-28 所示。

图 5-27　设置渐开线圆柱齿轮类型

图 5-28　设置变位齿轮参数

5）在"渐开线圆柱齿轮参数"对话框中单击"确定"按钮，得到的变位齿轮实体模型如图 5-29 所示。

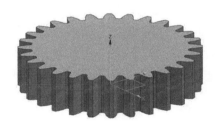

图 5-29　变位齿轮

如果要删除齿轮，建议要使用"渐开线圆柱齿轮建模"对话框中的"删除齿轮"单选按钮，使用该方法删除齿轮才是彻底的，不会残余关系参数等无用信息。

2. 锥齿轮

锥齿轮也是较为常用的一类齿轮，其大端模数、压力角、齿顶高系数、齿顶间隙系数应取标准值，一般锥齿轮的齿数取 13～30，常取≥16，特殊设计也可取其他值。

锥齿轮的操作方法同样也有"创建齿轮""修改齿轮参数""齿轮啮合""移动齿轮""删除齿轮"和"信息"这些。下面以创建一个锥齿轮为例进行介绍。

1）在功能区"主页"选项卡的"齿轮建模 – GC 工具箱"面板中单击"锥齿轮建模"按钮，弹出图 5-30 所示的"锥齿轮建模"对话框。

2）在"锥齿轮建模"对话框中选择"创建齿轮"单选按钮，单击"确定"按钮，弹出"圆锥齿轮类型"对话框。

3）在"圆锥齿轮类型"对话框中选择"斜齿轮"单选按钮，在"齿高形式"选项组中选择"等顶隙收缩齿"单选按钮，如图 5-31 所示，然后单击"确定"按钮，系统弹出"圆锥齿轮参数"对话框。

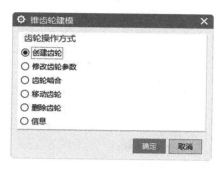

图 5-30　"锥齿轮建模"对话框

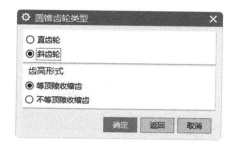

图 5-31　"圆锥齿轮类型"对话框

4）在"圆锥齿轮参数"对话框上设置图 5-32 所示的锥齿轮参数，然后单击"确定"按钮。

5）系统弹出"矢量"对话框，采用"自动判断的矢量"方法，选择 Z 轴定义矢量，如图 5-33 所示，然后单击"确定"按钮。

图 5-32　"圆锥齿轮参数"对话框

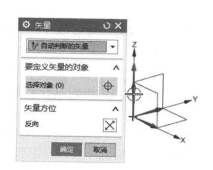

图 5-33　指定矢量

6）在弹出的"点"对话框中指定点位置为（0，0，0），如图 5-34 所示，单击"确定"按钮，最终生成的斜齿锥齿轮如图 5-35 所示。

图 5-34 "点"对话框

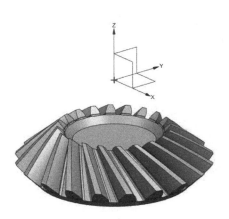

图 5-35 斜齿锥齿轮

三、任务实施步骤

本项目任务（锥齿轮实体模型）的实施步骤如下。

1）启动 NX 软件后，在"快速访问"工具栏中单击"新建"按钮，弹出"新建"对话框，切换至"模型"选项卡，确保从"单位"下拉列表框中选择"毫米"，从模板列表中选择名称为"模型"、类型为"建模"的模板，接着指定新文件名为"锥齿轮"，并自行指定要保存到的文件夹，然后单击"确定"按钮。

2）创建锥齿轮主体。在功能区"主页"选项卡的"齿轮建模 – GC 工具箱"面板中单击"锥齿轮建模"按钮，弹出"锥齿轮建模"对话框。接着在"锥齿轮建模"对话框的"齿轮操作方式"选项组中选择"创建齿轮"单选按钮，单击"确定"按钮。

在弹出的"圆锥齿轮类型"对话框中选择"直齿轮"单选按钮，以及在"齿高形式"选项组中选择"等顶隙收缩齿"单选按钮，如图 5-36 所示。

在"圆锥齿轮参数"对话框中设置图 5-37 所示的锥齿轮参数，单击"确定"按钮。

图 5-36 "圆锥齿轮类型"对话框

图 5-37 设定锥齿轮参数

利用弹出的"矢量"对话框选择"－YC 轴"选项，如图 5-38 所示，单击"确定"按钮，接着在弹出的"点"对话框中设置绝对点位置为（0，0，0），单击"确定"按钮，创建的直齿锥齿轮如图 5-39 所示。

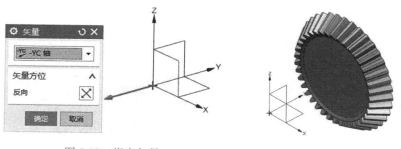

图 5-38　指定矢量　　　　　　　　图 5-39　直齿锥齿轮

3）创建旋转实体并与齿轮主体合并。在功能区"主页"选项卡的"特征"面板中单击"旋转"按钮，弹出"旋转"对话框。

选择基准坐标系中的 XY 平面作为草图平面，进入内部草图模式绘制图 5-40 所示的图形，单击"完成"按钮。

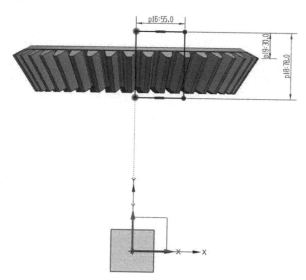

图 5-40　绘制草图

返回到"旋转"对话框，在"轴"选项组的"指定矢量"下拉列表框中选择"YC 轴"图标选项，单击"点构造器"按钮并利用"点"对话框来设定坐标原点为其中一个轴点；在"限制"选项组中设定开始"角度"值为"0°"，结束"角度"值为"360°"；在"布尔"选项组的"布尔"下拉列表框中选择"合并"选项；在"偏置"选项组的"偏置"下拉列表框中选择"无"选项，在"设置"选项组的"体类型"下拉列表框中选择"实体"选项，如图 5-41 所示。

在"旋转"对话框中单击"确定"按钮。

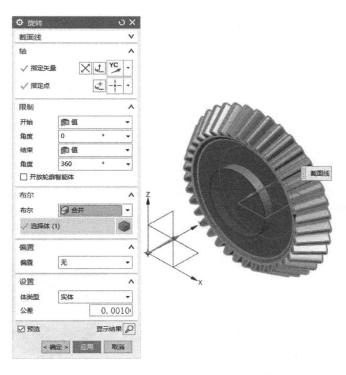

图 5-41　利用"旋转"对话框进行一些设置

4）以拉伸的方式切除材料。在功能区"主页"选项卡的"特征"面板中单击"拉伸"按钮 ，打开"拉伸"对话框。选择图 5-42 所示的实体面作为草图平面，绘制图 5-43 所示的拉伸截面，单击"完成"按钮 。

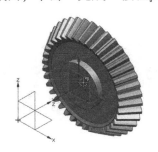

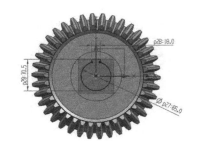

图 5-42　指定草图平面　　　　　　　　　　　　图 5-43　绘制草图

返回到"拉伸"对话框，从中进行图 5-44 所示的设置，然后单击"确定"按钮，得到拉伸切除的效果如图 5-45 所示。

5）创建倒斜角。在功能区"主页"选项卡的"特征"面板中单击"倒斜角"按钮 ，弹出"倒斜角"对话框，在"偏置"选项组的"横截面"下拉列表框中选择"对称"选项，在"距离"文本框中设置距离为"2.5mm"，在"设置"选项组的"偏置法"下拉列表框中选择"偏置面并修剪"选项，如图 5-46 所示，接着选择要倒斜角的 4 条边，如图 5-47 所示，然后单击"确定"按钮。

至此，基本完成了此锥齿轮的创建，如图 5-48 所示。

图 5-44 "拉伸" 对话框

图 5-45 拉伸切除得到的效果

图 5-46 "倒斜角" 对话框

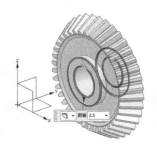

图 5-47 创建倒斜角

图 5-48 锥齿轮的创建

6）保存模型文件。在"快速访问"工具栏中单击"保存"按钮，保存文件。

四、思考与实训

1）在 NX 中，如何创建圆柱齿轮和锥齿轮？

2）直接使用〈Delete〉键删除齿轮可行吗？为什么？

3）如何修改齿轮参数？

4）上机实训：根据图 5-49 所示的齿轮工程图尺寸来建立其实体模型，其中，未注圆角半径为 R5，法向模数为 3，齿数为 80，齿形角为 20°，齿顶高系数为 1，螺旋角为 8°6′34″，螺旋方向为 LH，径向变位系数为 0。

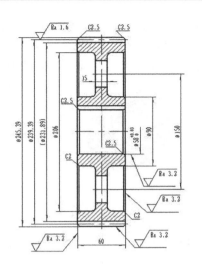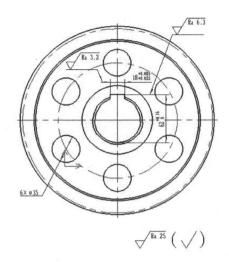

图 5-49　练习用参考齿轮工程图

项目任务三　弹簧建模实例

学习目标 《

● 了解弹簧的类型及其特点。
● 掌握各种典型弹簧的创建方法及技巧。
● 掌握弹簧的快速出图应用。

一、工作任务

项目要求：创建图 5-50 所示的弹簧三维模型。

图 5-50　弹簧三维建模的完成效果

二、知识点

1. 弹簧的类型及其特点

弹簧是一种利用自身材料的弹性来工作的机械零件，它在外力作用下发生形变，除去外力后又会恢复原状。弹簧的类型复杂多样，如果按受力性质来划分，弹簧可分为拉伸弹簧、压缩弹簧、扭转弹簧和弯曲弹簧等；如果按形状来划分，弹簧可以主要分为螺旋弹簧、环形弹簧、碟型弹簧、板弹簧、截锥涡卷弹簧、扭杆弹簧等；如果按照制作过程来划分，还可以将弹簧分为冷卷弹簧和热卷弹簧。其中，普通圆柱弹簧结构简单、制造简单、可以根据受载情况制成各种形式（如拉伸弹簧、压缩弹簧等），应用最广。

在图 5-52 所示的弹簧示例中，从左到右分别为圆柱压缩弹簧、圆柱拉伸弹簧和碟簧。

图 5-51 弹簧示例

2. NX 弹簧工具

在 NX 建模模块功能区"主页"选项卡的"弹簧工具 – GC 工具箱"面板中提供有"圆柱压缩弹簧"按钮▤、"圆柱拉伸弹簧"按钮▰、"碟簧"按钮◉和"删除弹簧"按钮▨这 4 个弹簧工具。

其中，"圆柱压缩弹簧"按钮▤、"圆柱拉伸弹簧"按钮▰和"碟簧"按钮◉的用法是类似的，单击按钮后，接着在弹出的对话框中选择"输入参数"单选按钮或"设计向导"单选按钮，然后再根据所选设计模式进行相应的操作即可。这里先以创建一个圆柱压缩弹簧为例，选择的类型是"输入类型"，其具体的操作步骤如下。

1）单击"圆柱压缩弹簧"按钮▤，弹出"圆柱压缩弹簧"对话框。

2）在"选择类型"子选项组中选择"输入参数"单选按钮，在"创建方式"子选项组中选择"在工作部件中"单选按钮，接受默认的弹簧名称，接着指定轴矢量和轴点位置为（0，0，0，），如图 5-52 所示，然后单击"下一步"按钮，进入"输入参数"环节。

3）输入参数，如图 5-53 所示，然后单击"下一步"按钮，进入"显示结果"环节。

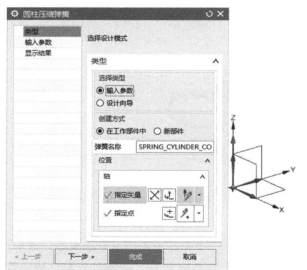

图 5-52 "圆柱压缩弹簧"对话框

图 5-53 输入参数

4）显示结果如图 5-54 所示，最后单击"完成"按钮，完成创建的圆柱压缩弹簧如图 5-55所示。

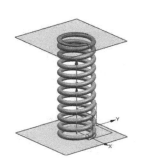

图 5-54　"圆柱压缩弹簧"对话框　　　　图 5-55　完成创建的圆柱压缩弹簧

下面采用"设计向导"类型来创建碟簧，这样两种创建类型便都有所介绍，希望读者可以举一反三，学以致用。

1）单击"碟簧"按钮，弹出"碟簧"对话框，选择"设计向导"单选按钮，接着在"创建方式"子选项组中选择"新部件"单选按钮，弹簧名称为"Disc Spring"，默认轴矢量和轴点，如图 5-56 所示，然后单击"下一步"按钮。

2）进入到碟簧的"输入参数"环节，指定碟簧的类型，以及输入相应的参数，如图 5-57所示。单击"下一步"按钮。

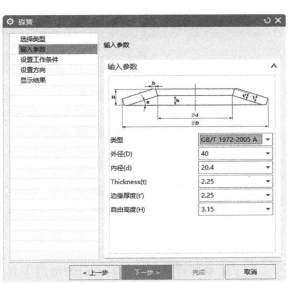

图 5-56　"碟簧"对话框之选择类型　　　　图 5-57　输入碟簧的参数

3）设置碟簧的工作条件，包括材料、压力和变形量，如图5-58所示，然后单击"下一步"按钮。

4）设置碟簧的方向，如图5-59所示，然后单击"下一步"按钮。

图 5-58　设置工作条件

图 5-59　设置碟簧方向

5）在"碟簧"对话框的"显示结果"页中显示碟簧结果信息，如图5-60所示，然后单击"完成"按钮，完成的碟簧组（本例一共6片）如图5-61所示。

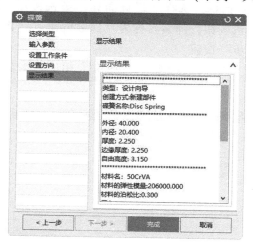

图 5-60　显示碟簧结果

图 5-61　完成堆叠起来的碟簧

如果要删除弹簧（包括删除碟簧），则可以单击"删除弹簧"按钮 🔧，弹出图5-62所示的"删除弹簧"对话框，接着从列表中选择希望删除的弹簧，单击"应用"按钮或"确定"按钮即可。

3. 弹簧的快速出图

对于标准的弹簧模型，有专门的出图工具，这需要切换至"制图"应用模块。要切换至"制图"应用模块，那么可以在功能区"应用模块"选项卡的"设计"面板中单击"制图"按钮 🗗。接着在"制图工具 – GC 工具箱"面板中单击"弹簧简化画法"按钮 ▨▨，弹出图 5-63 所示的"弹簧简化画法"对话框，从列表中选择所需弹簧部件名，接着选择"在工作部件中"单选按钮或"新部件"单选按钮，以及从"图纸页"下拉列表框中选择合适的图纸页，例如选择"A4 – 无视图"图纸页，然后单击"确定"按钮，则 NX 生成弹簧工程图，如图 5-64 所示。

图 5-62　"删除弹簧"对话框

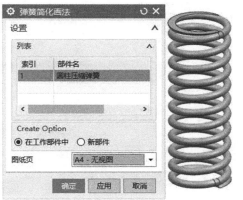

图 5-63　"弹簧简化画法"对话框

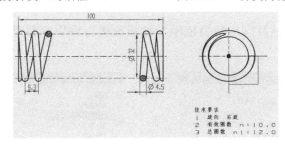

图 5-64　弹簧简化画法工程图

三、任务实施步骤

本项目任务（弹簧实体模型）的实施步骤如下。

1）启动 NX 软件后，在"快速访问"工具栏中单击"新建"按钮 ，弹出"新建"对话框，切换至"模型"选项卡，确保从"单位"下拉列表框中选择"毫米"，从模板列表中选择名称为"模型"、类型为"建模"的模板，接着指定新文件名为"圆柱拉伸弹簧"，并自行指定要保存到的文件夹，然后单击"确定"按钮。

2）在功能区"主页"选项卡的"弹簧工具 – GC 工具箱"面板中单击"圆柱拉伸弹簧"按钮 ，弹出"圆柱拉伸弹簧"对话框。选择"设计向导"单选按钮，在"创建方式"子选项组中选择"在工作部件中"单选按钮，接受默认的弹簧名称，从"位置"子选项组的"指定矢量"下拉列表框中选择"YC 轴"选项 ，如图 5-65 所示。单击"下一步"按钮，进入"初始条件"属性页。

在"圆柱拉伸弹簧"对话框的"初始条件"属性页中，设置图 5-66 所示的初始条件，单击"下一步"按钮。

在"弹簧材料和许用应力"属性页中，设置图 5-67 所示的参数，注意设置好基本材料

图 5-65　圆柱拉伸弹簧之设定类型及位置

等内容后，可以单击"估算许用应力范围"按钮来进行许用应力范围估算。接着单击"下一步"按钮。

图 5-66　设置圆柱拉伸弹簧的初始条件

图 5-67　设置弹簧材料与许用应力等

输入圆柱拉伸弹簧的相关参数，包括旋向、端部结构、中间直径、材料直径和有效圈数，如图 5-68 所示，单击"下一步"按钮，进入"显示结果"属性页，然后单击"完成"按钮，完成创建的圆柱拉伸弹簧如图 5-69 所示。

3）隐藏相关的基准轴、基准平面和基准坐标系，得到的结果如图 5-70 所示。

4）按快捷键〈Ctrl + S〉，保存文件。

5）在功能区单击"文件"标签以打开"文件"应用程序菜单，接着从"启动"程序列表中选择"制图"命令以切换至"制图"应用模块，如图 5-71 所示。

图 5-68 输入圆柱拉伸弹簧的相关参数

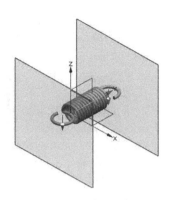

图 5-69 完成创建圆柱拉伸弹簧

图 5-70 隐藏相关的基准对象

知识点拨:

也可以在功能区"应用模块"选项卡的"设计"面板中单击"制图"按钮。

6)在"制图工具 – GC 工具箱"面板中单击"弹簧简化画法"按钮，弹出"弹簧简化画法"对话框，从列表中选择"圆柱拉伸弹簧"，选择"在工作部件中"单选按钮，从"图纸页"下拉列表框中选择"A4 – 无视图"选项，如图 5-72 所示。

在"弹簧简化画法"对话框中单击"确定"按钮，完成创建图 5-73 所示的弹簧工程图。

四、 思考与实训

1)说说常见弹簧的类型和特点。

2)圆柱拉伸弹簧的端部结构主要有哪 3 种?

图 5-71　切换至"制图"应用模块的操作示意

图 5-72　"弹簧简化画法"对话框

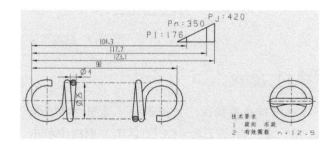

图 5-73　弹簧工程图

3）圆柱压缩弹簧与圆柱拉伸弹簧有什么异同之处？它们的简化画法又是怎么样的？

4）如何删除弹簧？

5）上机操练：已知圆柱螺旋压缩弹簧的钢丝直径 $d = 6mm$，弹簧外径 $D = 42mm$，节距 $t = 12mm$，有效圈数 $n = 6$，支承圈数 $n_0 = 2.5$，右旋，端部并紧磨平，请根据参数绘制该圆柱螺旋压缩弹簧的三维模型，并生成其工程图。

第 6 章　装配设计

本章导读 《

　　零件设计好后，可以通过装配设计来将它们组装成产品或零部件，当然在"装配"应用模块中还可以新建组件，对组件和组件位置进行处理，创建装配爆炸图，进行间隙分析、运动仿真等工作。本章通过两个装配设计应用案例进行深入介绍。

| 项目任务一 | **平口虎钳装配案例** |

学习目标 《

　● 了解"装配"应用模块下的相关工具按钮。
　● 理解装配建模的两种方法。
　● 掌握阵列组件和镜像装配的方法和步骤。

一、　工作任务

　　要求：使用 NX 将设计好的相关零部件装配好，完成图 6-1 所示的平口虎钳产品，其装配构成如图 6-2 所示，该虎钳由护口板、活动钳块、钳座、垫圈、方块螺母、螺杆、螺母和螺钉等零件组成。

图 6-1　完成装配的平口虎钳

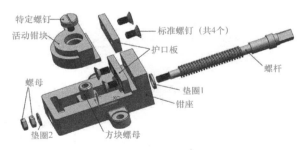

图 6-2　装配构成示意图

二、　知识点

1. NX 装配概述

　　NX 提供了功能强大的"装配"应用模块，使用该模块可以为零件文件和子装配文件的装配建模，建立零件之间的约束关系和数字表示，测试装配中部件间的静态间隙、距离和角度，检查产品内部是否存在干涉、结构是否合理，创建装配图样显示所有组件或只显示选定的组件，创建布置以显示装配将组件安排在不同位置时的显示方式，定义序列以显示装配或拆除部件所需的运动等。

单击"新建"按钮 <img_1>，弹出"新建"对话框，在"模型"选项卡的"模板"列表中选择使用公制单位的"装配"模板，接着指定新文件名称和所在文件夹，如图 6-3 所示，然后单击"确定"按钮，从而新创建一个基于选定"装配"模板的文档（直接进入"装配"应用模块），并弹出一个"添加组件"对话框以便于用户选择组件装配进来，如图 6-4 所示。事实上，用户可以从任何 NX 部件文件创建装配，可以从"建模"应用模块直接切换到"装配"应用模块，即在功能区"应用模块"选项卡的"设计"面板中单击选中"装配"按钮 即可。进入到"装配"应用模块，功能区会出现一个"装配"选项卡，该选项卡提供了用于装配设计的相关工具组，包括"关联控制""组件""组件位置""常规""爆炸图""间隙分析"等这些工具组/面板。

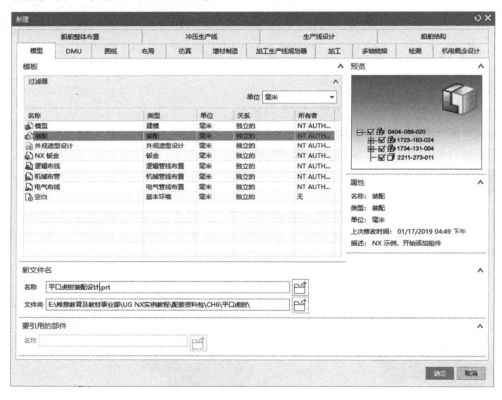

图 6-3 通过"新建"对话框创建"装配"文档

在左侧资源板上单击"装配导航器"标签 ，打开装配导航器窗口，该窗口的层次结构树可显示装配结构、组件属性以及成员组件间的约束。使用装配导航器除了可以查看显示部件的装配结构外，还可以将命令应用于特定组件，通过将节点拖到不同的父项对结构进行编辑，标识组件和选择组件等。

2. 了解"装配"应用模块下的相关工具

在功能区"装配"选项卡中提供有表 6-1 所示的相关工具命令。

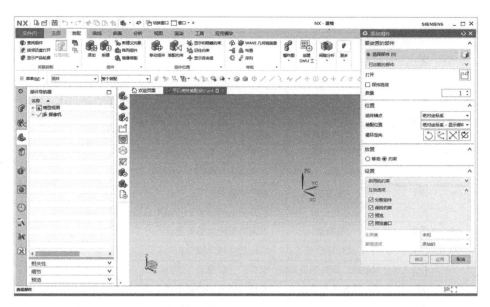

图 6-4 创建新文档进入"装配"应用模块
表 6-1 "装配"选项卡提供的工具命令一览表

面 板	按 钮	命 令	功 能 含 义
关联控制		查找组件	使用任何全局属性定位组件
		按邻近度打开	加载选定组件的指定距离范围内的组件
		显示产品轮廓	显示总体装配的轮廓
		处理装配	将显示部件设为工作部件
		保存关联	存储关联，即工作部件和组件可见性
		恢复关联	恢复先前存储的关联，即工作部件和组件可见性
组件		添加	通过选择已加载的部件或从磁盘选择部件，将组件添加到装配
		新建	通过选择几何体并将其保存为组件，在装配中新建组件
		新建父对象	新建当前显示部件的父部件
		阵列组件	将一个组件复制到指定的阵列中
		镜像装配	创建这整个装配或选定组件的镜像版本（副本）
组件位置		移动组件	移动装配中的组件
		装配约束	通过指定约束关系，相对装配中的其他组件重定位组件
		显示和隐藏约束	显示和隐藏约束及使用其关系的组件
		记住约束	记住部件中的装配约束，以供在其他组件中重用
		显示自由度	显示组件的自由度
常规		部件间链接浏览器	提供关于部件间链接的信息，并修改这些链接
		关系浏览器	提供有关部件间链接的图形信息
		产品接口	定义其他部件可以引用的几何体和表达式，设置引用规则并列出引用工作部件的部件
		WAVE 几何链接器	将几何体从装配中的其他部件复制到工作部件
		布置	创建和编辑装配布置，定义备选组件位置
		序列	打开"装配序列"任务环境以控制组件装配或拆卸的顺序，并仿真组件运动

（续）

面 板	按 钮	命 令	功 能 含 义
爆炸图		新建爆炸	在工作视图中新建爆炸，可在其中重定位组件以生成爆炸
		编辑爆炸	重定位当前爆炸中选定的组件
		自动爆炸组件	基于组件的装配约束重定位当前爆炸中的组件
		取消爆炸组件	将组件恢复到原先的未爆炸位置
		删除爆炸	删除未显示在任何视图中的装配爆炸
	工作视图爆炸 Explosion 1	工作视图爆炸	定义要显示在工作视图中的爆炸
——		创建 DMU 工作集	创建 DMU 工作集以检查显示部件
间隙分析		新建集	新建间隙集
		执行分析	对当前的间隙集运行间隙分析
		编辑集	编辑当前间隙集的属性
		批处理分析	执行批处理间隙分析
		重画已研究的节点	重画正在研究的干涉对
		重置所有节点	使模型恢复到研究干涉节点之前的状态
		集	将其中一个现有间隙集设为当前间隙集
		复制	复制当前间隙集
		删除	删除一个或多个间隙集
		汇总	生成当前间隙集的汇总
		报告	生成汇总并列出间隙分析所发现的干涉
		保存报告	将间隙分析报告保存为文件
		保存书签	在书签文件中保存装配关联，包括组件可见性、加载选项和组件组
		存储组件可见性	存储会话中组件的当前可见性
		恢复组件可见性	将组件可见性恢复为使用"存储组件可见性"命令保存的设置
		研究间隙违例	使用线或点来演示已研究软干涉的间隙违例
		间隙浏览器	以表格形式显示间隙分析的结果
更多		仅显示	仅显示选定的组件、隐藏所有其他组件
		在新窗口中隔离	仅在新窗口中显示选定的组件，隐藏所有其他组件
		隐藏视图中的组件	隐藏视图中选定的组件
		显示视图中的组件	显示视图中的选定的隐藏组件
		替换组件	将一个组件替换为另一个组件
		设为唯一	为选定的示例新建部件文件
		抑制组件	从显示中移除组件及其子组件
		取消抑制组件	显示先前抑制的组件
		编辑抑制状态	定义装配布置中组件的抑制状态
	——	变形组件	重新塑造可变形组件
	——	部件族更新	更新部件族成员
		包裹装配	通过计算封装复杂装配的实心包络来简化该装配
		引用集	创建或编辑引用集，这些引用集控制从每个组件加载并在装配环境中查看的数据量
		替换引用集	为选定的组件选择要显示的引用集

3. 装配设计方法

在 NX 装配建模中，有两种典型的设计方法：一种是自下而上装配建模，另一种是自上而下装配建模。

● 自下而上装配建模：可以先创建零件，然后再将创建好的零件添加到装配中。在"装配"应用模块中，单击"添加（添加组件）"按钮，可以将创建好的零件添加到装配中，即可以创建引用现有部件的新组件。

● 自上而下装配建模：在装配级创建几何体，并可以将几何体移动或复制到一个或多个组件中。在"装配"应用模块中单击"新建组件"按钮，可以在原生 NX 中创建新部件文件等。

在实际设计工作后，有时两种方法结合着灵活地使用。

4. 装配约束

"装配约束"命令用于创建运动副以定义装配组件之间的物理连接（运动副类型指定组件如何相对于彼此移动），或者创建装配约束以通过添加或移除自由度来定义组件位置。组件的定位其实就是使用运动副、装配约束或两者的组合来确定的。

知识点拨：

运动副的作用是约束两个组件并使其运动范围限制于所需的方向和限定条件，装配运动副的类型主要有铰链副、滑动副、柱面副和球副。在装配组件之间创建运动副时，NX 会依据运动副类型提供相应的自由度，而移除不需要的自由度，用户可以根据设计要求设定额外的距离或角度限制条件来进一步控制运动副的运动，如防止碰撞等。

装配约束有很多种类型，如"接触对齐"、"同心"、"距离"、"固定"、"平行"、"垂直"、"对齐/锁定"、"拟合"、"胶合"、"中心"、"角度"，它们的功能含义如下。

● "接触对齐"：约束两个对象以使它们相互接触或对齐。该约束又分为"首选接触""接触""对齐""自动判断中心/轴"这几种创建方式。

● "同心"：约束两条圆边或椭圆边以使中心重合并使边的平面共面。

● "距离"：指定两个对象之间的 3D 距离。

● "固定"：将对象固定在其当前位置。

● "平行"：将两个对象的方向矢量定义为相互平行。

● "垂直"：将两个对象的方向矢量定义为相互垂直。

● "对齐/锁定"：对齐不同对象中的两个轴，同时防止绕公共轴旋转。

● "拟合"：约束具有等半径的两个对象，例如圆边或椭圆边，或者圆柱面或球面。

● "胶合"：将对象约束到一起以使它们作为刚体移动。

● "中心"：使一个或两个对象处于一对对象的中间，或者使一对对象沿着另一个对象处于中间。

● "角度"：指定两个对象（可绕指定轴）之间的角度。

运动副的主要类型功能含义如下。

● "铰链副"：沿某一旋转轴约束两个对象。

- "滑动副" 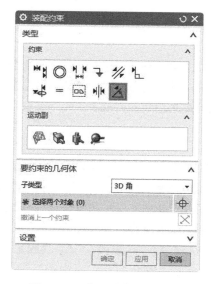：沿某一线性轴约束两个对象。
- "柱面副" ：沿可旋转线性轴约束两个对象。
- "球副" ：在共享点约束两个对象。

在功能区"装配"选项卡的"组件位置"面板中单击"装配约束"按钮 ，弹出图 6-5 所示的"装配约束"对话框，接着在"约束"列表框单击所需约束类型按钮（有些约束类型还需要进一步指定子类型），或者在"运动副"列表中单击所需运动副类型按钮，再根据所选约束类型或运动副类型来选定所需的相关对象等，并在"设置"选项组中进行图 6-6 所示的相关设置，然后单击"应用"按钮或"确定"按钮。

图 6-5　"装配约束"对话框

图 6-6　"设置"选项组

5. 记住装配约束

对于一些在装配中用得较多的部件，为了提高装配效率，可以记住该部件中的装配约束以供在装配组件或其他组件中重用。

在功能区"装配"选项卡的"组件位置"面板中单击"记住约束"按钮 ，弹出图 6-7 所示的"记住的约束"对话框，接着选择要记住约束的组件，再在选定组件上选择要记住的约束，然后单击"应用"按钮或"确定"按钮。保存之后，若将该组件添加到其他装配时，则可以使用记住的约束来协助定位约束该组件。

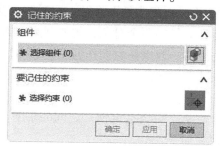

图 6-7　"记住的约束"对话框

6. 阵列组件

阵列组件是指将一个组件复制到指定的阵列中。

在功能区"装配"选项卡的"组件"面板中单击"阵列组件"按钮 🔗，弹出图6-8 所示的"阵列组件"对话框，接着选择要形成阵列的组件，在"阵列定义"选项组的"布局"下拉列表框中选择阵列布局类型（如"线性""圆形""参考"等），根据所选阵列布局类型进行相应的阵列定义，在"设置"选项组中决定"动态定位"复选框和"关联"复选框的勾选状态，然后单击"应用"按钮或"确定"按钮即可。

图6-8 "阵列组件"对话框

需要用户注意的是，当在"设置"选项组中勾选"关联"复选框时，"布局"下拉列表框提供了3个关联的阵列布局类型，即"线性""圆形"和"参考"；当取消勾选"关联"复选框时，"布局"下拉列表框还提供了这些类型的非关联阵列："多边形""平面螺旋""沿路径""螺旋""常规"。上述阵列布局类型的功能含义如下。

- ◉ "线性"：沿一个线性方向或两个线性方向排列来阵列组件。
- ◉ "圆形"：沿圆弧或圆排列来阵列组件。
- ◉ "参考"：使用现有阵列的成员创建并定位组件（如在阵列孔中放入六角螺栓）。
- ◉ "多边形"：沿多边形的边排列来阵列组件。
- ◉ "平面螺旋"：沿平面螺旋路径进行组件的阵列定位。
- ◉ "沿路径"：沿曲线链定义的路径来阵列组件。
- ◉ "螺旋"：沿螺旋路径来阵列组件。
- ◉ "常规"：在用户定义的位置处创建一系列组件。

7. 镜像装配

对在装配体中具有镜像特点的组件，优先选用"镜像装配"方法来完成。

要进行镜像装配，则在功能区"装配"选项卡的"组件"面板中单击"镜像装配"按钮 ，弹出图6-9所示的"镜像装配向导"对话框，接着依照该对话框提供的向导选项及其提示来一步一步地进行操作即可。镜像装配向导选项分别在"欢迎""选择组件""选择平面""创建基准平面""命名策略""镜像设置""镜像检查""命名新部件文件"这些页面中提供。

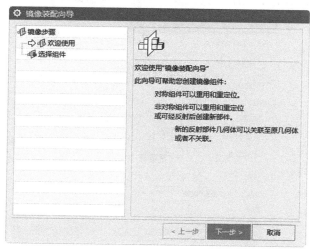

图6-9 "镜像装配向导"对话框

既可以镜像整个装配，也可以镜像选定的单独组件。如果有需要，还可以在从要镜像的装配中指定要排除的组件。

三、 任务实施步骤

本项目任务的实施步骤如下。

1）新建一个使用"装配"模板的文件。在计算机桌面视窗上双击"NX 快捷方式"图标 ，启动 NX 软件。接着在功能区"主页"选项卡的"标准"面板中单击"新建"按钮 ，弹出"新建"对话框并切换至"模型"选项卡，从"模板"列表中选择单位为毫米、名称为"装配"的装配类型模板，设置新文件名为"平口虎钳装配设计"，在"文件夹"框右侧单击"浏览"按钮 并利用弹出的"选择目录"对话框来选择一个文件夹作为工作目录，最后单击"新建"对话框的"确定"按钮。

2）装配第一个零件（bc_6_1_9. prt）——钳座。在系统默认弹出的图6-10所示的"添加组件"对话框中，单击"要放置的部件"选项组中的"打开"按钮 ，系统弹出"部件名"对话框，选择位于配书资料包"CH6 | 平口虎钳"文件夹的 bc_6_1_9. prt 零件（钳座），单击"OK"按钮，数量为1。

在"位置"选项组的"组件锚点"下拉列表框中选择"绝对坐标系"选项，从"装配位置"下拉列表框中选择"绝对坐标系 – 工作部件"选项，在"循环定向"行单击"将组件定向至 WCS"按钮 ，在"放置"选项组中选择"移动"单选按钮，在"设置"选项组中勾选"保持约束"复选框、"预览"复选框和"预览窗口"复选框，接受默认的组件名、应用集和图层选项，如图 6-11 所示，然后在"添加组件"对话框中单击"应用"按钮。

图 6-10 "添加组件"对话框

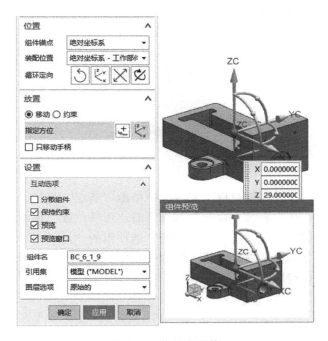
图 6-11 位置定义等

此时系统弹出"创建固定约束"对话框来询问"已将第一个组件添加至装配，要创建固定约束吗?"，如图 6-12 所示。单击"是"按钮，完成装配的钳座如图 6-13 所示。

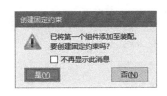
图 6-12 "创建固定约束"对话框

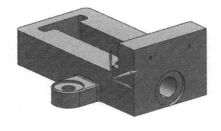
图 6-13 完成装配的钳座零件

知识点拨:

　　将第一个组件添加至装配内，通常要创建固定约束。要创建固定约束，也可以在"放置"选项组中选择"约束"单选按钮，接着单击"固定约束"按钮来进行设置。

　　3）装配组装方块螺母（bc_6_1_8.prt）。在"添加组件"对话框的"要放置的部件"选项组中单击"打开"按钮，利用弹出的"部件名"对话框选择 bc_6_1_8. prt 零件来打开。

在"设置"选项组的"互动选项"子选项组中勾选"分散组件"复选框、"保持约束"复选框和"预览窗口"复选框。

在"放置"选项组中选择"约束"单选按钮，单击"平行"按钮，此时可以看到"要约束的几何体"子选项组中的"选择对象"按钮处于被选中的状态，在"组件预览"窗口中选择方块螺母上的图 6-14 所示的零件面，翻转钳座零件，在钳座零件上选择图 6-15 所示的实体面。

图 6-14　选择方形螺母的零件面

图 6-15　选择钳座零件上的实体面

在"添加组件"对话框中单击"确定"按钮，此时装配体如图 6-16 所示。

在功能区"装配"选项卡的"组件位置"面板中单击"装配约束"按钮，弹出"装配约束"对话框，在"类型"选项组的"运动副"列表中单击"滑动副"按钮，此时需要分别定义第一对象上的轴（指定矢量和点）和第二个对象上的轴（指定矢量和点），如图 6-17 所示。

图 6-16　应用"平行"约束装配

图 6-17　"装配约束"对话框

在方形螺母上单击图 6-18 所示的一处内圆柱面，再以"自动判断点"方式通过单击图 6-19 所示的圆边来获取其圆心点。

图 6-18 单击方形螺母的一处内圆柱面

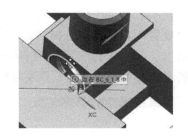

图 6-19 单击圆边以获取其圆心

在钳座零件上单击图 6-20 所示的一处内圆柱面，再单击相应的圆边以获取其圆心点（见图 6-20），然后在"装配约束"对话框中单击自动激活了的"创建运动副"按钮。

勾选"距离"复选框，设置"距离"值为"45"，如图 6-21 所示。

图 6-20 定义第二个对象上的轴（指定矢量和点）

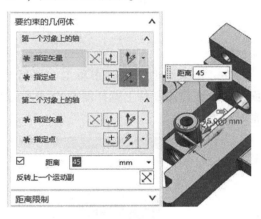

图 6-21 设置初始距离值

在"装配约束"对话框中展开"距离限制"选项组，分别勾选"上限"和"下限"复选框，设置"上限"为"82mm"，"下限"为"0mm"；在"设置"选项组中设置相应的选项，如图 6-22 所示，然后单击"确定"按钮。此时的模型效果如图 6-23 所示。

图 6-22 设置距离限制等

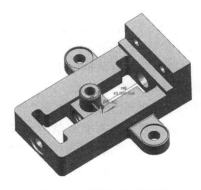

图 6-23 装配好方形螺母

4）装配活动钳块（bc_6_1_4.prt）。在功能区"装配"选项卡的"组件"面板中单击"添加组件"按钮，弹出"添加组件"对话框。在"要放置的部件"选项组中单击"打开"按钮，利用弹出的"部件名"对话框选择 bc_6_1_4.prt 零件来打开。

在"放置"选项组中选择"约束"单选按钮，在"约束类型"列表框中单击"接触对齐"按钮，从"方位"下拉列表框中选择"首先接触"选项，在活动钳块中选择图 6-24 所示的底面，在钳座零件上选择要接触的实体面（见图 6-25）。

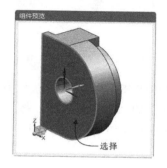

图 6-24　在活动钳块上选择底面　　　　图 6-25　在钳座上选择要接触的实体面

在"约束类型"列表中单击"平行"按钮，在活动钳块中选择图 6-26 所示的实体面，接着在钳座零件上选择图 6-27 所示的实体面，接着单击"撤销上一约束"按钮来调整平行方向。

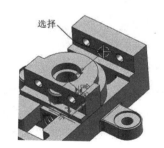

图 6-26　选择要平行的实体面 1　　　　图 6-27　选择要平行的实体面 2

在"约束类型"列表中单击"接触对齐"按钮，从"方位"下拉列表框中选择"自动判断中心/轴"选项，接着选择活动钳块中的孔中心线，以及选择方形螺母相对应的一根中心轴线，此时装配结果如图 6-28 所示。

在"添加组件"对话框中单击"应用"按钮。

5）组装其中一块护口板（bc_6_1_2.prt）。在"要放置的部件"选项组中单击"打开"按钮，利用弹出的"部件名"对话框选择 bc_6_1_2.prt 零件来打开。

在"约束类型"列表框中单击"接触对齐"按钮，从"方位"下拉列表框中选择"接触"选项，单击"选择几何体"按钮，在护口板中选择图 6-29 所示的实体面，在装配体中选择活动钳块的图 6-30 所示的一个配合面。

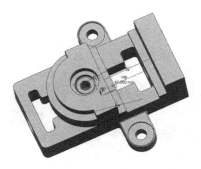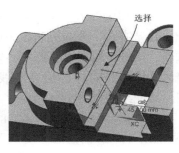

图 6-28　装配好活动钳块　　　图 6-29　选择护口板的一个面　　　图 6-30　选择要配合的一个面

在"约束类型"列表框中确保选中"接触对齐"按钮，从"方位"下拉列表框中选择"自动判断中心/轴"选项，分别在护口板和活动钳块中选择要配合的孔轴线，一共添加两组要对齐配合的轴轴线，结果如图 6-31 所示。

在"添加组件"对话框中单击"应用"按钮。

6）组装另一块护口板。第二块护口板的组装方法和步骤 5）的方法及步骤相似，分别定义 3 组"接触对齐"约束来装配另一块护口板，装配结果如图 6-32 所示。

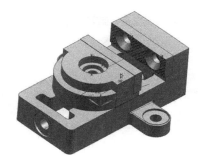

图 6-31　装配好护口板　　　　　　　　　图 6-32　装配另一个护口板

7）组装螺钉（bc_6_1_3.prt）。在"添加组件"对话框的"要放置的部件"选项组中单击"打开"按钮，利用弹出的"部件名"对话框选择 bc_6_1_3.prt 零件来打开。

在"约束类型"列表框中单击"接触对齐"按钮，从"方位"下拉列表框中选择"接触"选项，单击"选择对象"按钮，分别选择图 6-33 所示的面 1（位于螺钉上）和

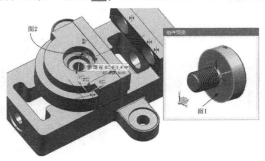

图 6-33　选择要应用"接触"约束的两个面

面 2（装配中的配合面）。

在"约束类型"列表框中单击"接触对齐"按钮 🔣，从"方位"下拉列表框中选择"自动判断中心/轴"选项，接着在螺钉中选择中心轴线，以及在装配体中选择活动钳块相对应的配合轴线，然后单击"应用"按钮，装配结果如图 6-34 所示。

8）组装螺钉 GB/T 68-1985（bc_6_1_1.prt）。在"添加组件"对话框的"要放置的部件"选项组中单击"打开"按钮 📳，利用弹出的"部件名"对话框选择 bc_6_1_1.prt 零件来打开。

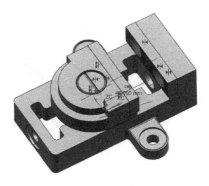

图 6-34　装配好一个螺钉

在"约束类型"列表框中单击"接触对齐"按钮 🔣，从"方位"下拉列表框中选择"自动判断中心/轴"选项，单击"选择对象"按钮 ⊕，在螺钉中选择图 6-35 所示的轴线，接着在装配体中选择一个护口板的一根轴线，如图 6-36 所示。

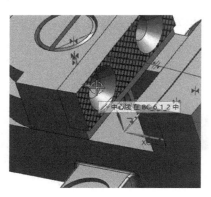

图 6-35　选择螺钉中的轴线　　　　　　　图 6-36　选择护口板的一根轴线

在"约束类型"列表框中单击"接触对齐"按钮 🔣，从"方位"下拉列表框中选择"接触"选项，在螺钉中选择要对齐约束的一个圆锥面，如图 6-37 所示，接着在装配中选择一护口板的相应圆锥面，如图 6-38 所示。

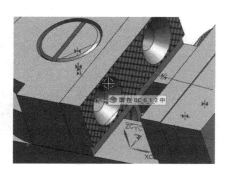

图 6-37　选择螺钉中要对齐的一个圆锥面　　　　图 6-38　选择要对齐的护口板圆锥面

知识点拨：

　　如果设置的第二个"接触对齐"约束的类型是"对齐"，那么此时如果发现有部分约束符号以高亮红色显示，以及装配预览不是所希望的，则可单击"撤销上一个约束"按钮⊠来调整，如图6-39所示，"对齐"和"约束"可以根据实际情况进行切换，以获得所需的装配约束效果。

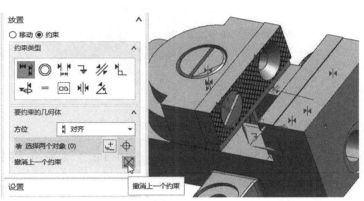

图6-39　装配一个标准螺钉

　　在"添加组件"对话框中单击"确定"按钮。

　　9）记住标准螺钉的装配约束。在功能区"装配"选项卡的"组件位置"面板中单击"记住约束"按钮⤷，弹出"记住的约束"对话框，在模型窗口中选择标准螺钉GB/T 68—1985（bc_6_1_1.prt），接着选择该螺钉的两个约束（先选择轴接触对齐的那个约束，再选择圆锥面接触的约束），然后单击"确定"按钮。

　　10）使用记住的约束来装配标准螺钉。在功能区"装配"选项卡的"组件"面板中单击"添加组件"按钮🖧，弹出"添加组件"对话框。在"要放置的部件"选项组中单击"打开"按钮🗁，利用弹出的"部件名"对话框选择bc_6_1_1.prt零件来打开。此时，系统弹出图6-40所示的"警报"对话框，直接在"添加组件"对话框中单击"确定"按钮，系统弹出图6-41所示的"重新定义约束"对话框。

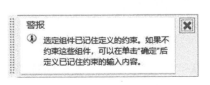

图6-40　"警报"对话框

图6-41　"重新定义约束"对话框

在一个护口板的安装定位孔处分别选择其轴线和要配合的圆锥曲面，即可快速装配一个标准螺钉，如图 6-42 所示，然后单击"确定"按钮。

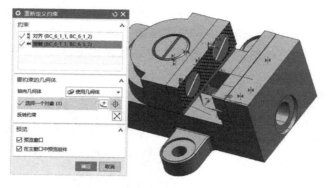

图 6-42　使用记住的约束装配一个标准螺钉

使用同样的方法，使用记住的装配约束在另一个护口板上装配两个同样规格的标准螺钉，如图 6-43 所示。

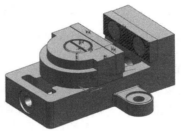

图 6-43　在另一个护口板上装配两个同样规格的标准螺钉

11）组装垫圈 1（bc_6_1_10. prt）。功能区"装配"选项卡的"组件"面板中单击"添加组件"按钮📦，弹出"添加组件"对话框。在"要放置的部件"选项组中单击"打开"按钮📂，利用弹出的"部件名"对话框选择 bc_6_1_10. prt 零件来打开。

在"约束类型"列表框中单击"接触对齐"按钮📐，从"方位"下拉列表框中选择"接触"选项，单击"选择对象"按钮⊕，在垫圈中选择图 6-44 所示的环形面，接着在装配中选择图 6-45 所示的环形配合面。

图 6-44　选择环形面 1

图 6-45　选择环形面 2

确保第二个约束类型为"接触对齐"按钮📐，从"方位"下拉列表框中选择"自动判断中心/轴"选项，在垫圈中选择其中心轴线，接着在钳座零件中选择相应的轴线来对齐，单击"应用"按钮，装配结果如图 6-46 所示。

12）组装螺杆（bc_6_1_7. prt）。在"添加组件"对话框的"要放置的部件"选项组中单击"打开"按钮，利用弹出的"部件名"对话框选择 bc_6_1_7. prt 零件来打开。螺杆零件如图 6-47 所示

图 6-46　装配好一个垫圈　　　　　　　　　图 6-47　螺杆

在"约束类型"列表框中单击"接触对齐"按钮，从"方位"下拉列表框中选择"自动判断中心/轴"选项，单击"选择对象"按钮，在螺杆中选择所需的中心轴线或相应的圆柱曲面，接着在钳座零件中选择与垫圈同轴的一条轴线。

在"约束类型"列表框中选择"距离"按钮，在螺杆零件中选择图 6-48 所示的一个面，接着在装配体中选择垫圈的图 6-49 所示的环形面。

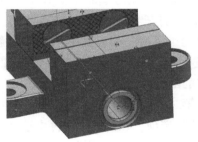

图 6-48　选择螺杆的一个环形面　　　　　　　图 6-49　选择垫圈的配合环形面

在"距离"框中结合实际显示情况输入距离值，例如在本例输入"距离"为"-6"，如图 6-50 所示。单击"应用"按钮。

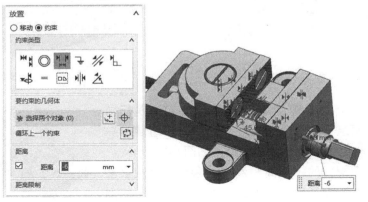

图 6-50　设置距离

13）组装垫圈 2（bc_6_1_6. prt）。在"添加组件"对话框的"要放置的部件"选项组中单击"打开"按钮🗁，利用弹出的"部件名"对话框选择 bc_6_1_6. prt 零件来打开。

在"约束类型"列表框中单击"接触对齐"按钮🖳，从"方位"下拉列表框中选择"接触"选项，单击"选择对象"按钮➕，在垫圈中选择所需的一个环形面，接着在装配中选择相应的环形配合面，如图 6-51 所示。

确保第二个约束类型为"接触对齐"按钮🖳，从"方位"下拉列表框中选择"自动判断中心/轴"选项，在该垫圈 2 零件中选择其中心轴线，接着在装配中选择相应的轴线来对齐，单击"应用"按钮，装配结果如图 6-52 所示。

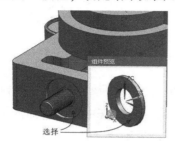

图 6-51　选择要接触约束的两个面　　　　图 6-52　装配好垫圈 2 零件

14）组装一个 M10 螺母（bc_6_1_5. prt）。在"添加组件"对话框的"要放置的部件"选项组中单击"打开"按钮🗁，利用弹出的"部件名"对话框选择 bc_6_1_5. prt 零件来打开。

在"约束类型"列表框中单击"接触对齐"按钮🖳，从"方位"下拉列表框中选择"接触"选项，单击"选择对象"按钮➕，在螺母零件中选择所需的一个面，接着在装配中选择相应的配合面，如图 6-53 所示。

确保第二个约束类型为"接触对齐"按钮🖳，从"方位"下拉列表框中选择"自动判断中心/轴"选项，在该螺母零件中选择其中一条所需的中心轴线，接着在装配中选择相应的轴线来对齐，单击"应用"按钮，装配结果如图 6-54 所示。

图 6-53　选择要接触约束的两个面　　　　图 6-54　装配好一个螺母

15）组装第 2 个 M10 螺母（bc_6_1_5. prt）。执行同样的方法，使用两组不同的"接触对齐"约束来组装另一个 M10 螺母（bc_6_1_5. prt），组装结果如图 6-55 所示。

16）练习更改螺杆的"距离"约束的参数值来观察平口虎钳的变化。在装配导航器中展开"约束"节点，找到装配螺杆的一个距离约束并右击它，弹出一个快捷菜单，

图 6-55　组装好第二个螺母

如图6-56所示，接着从该快捷菜单中选择"编辑"选项，弹出"装配约束"对话框，在"距离"选项组的"距离"框中将"距离"值更改为"-10mm"（输入新距离值并按〈Enter〉键可以观察模型变化），如图6-57所示，然后单击"确定"按钮。

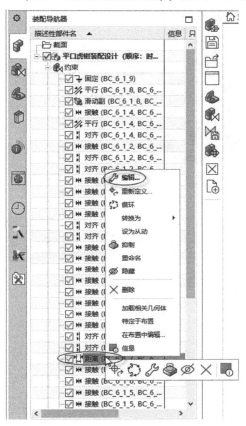

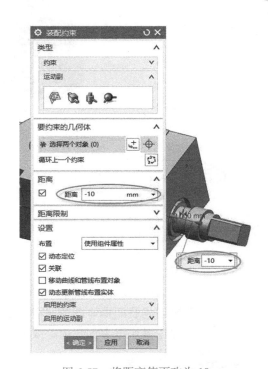

图6-56 选择并右击要修改的距离约束　　　　　　图6-57 将距离值更改为-10

17）保存文件。至此，完成了该平口虎钳的装配设计，总装配效果如图6-58所示。

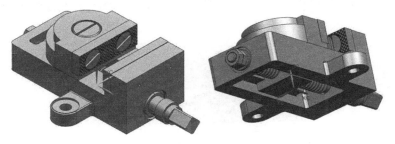

图6-58 平口虎钳的装配设计

四、　思考与实训

1）装配设计方法主要有哪些？

2）装配约束主要有哪些类型？运动副又主要有哪些类型？

3）如何阵列组件？

4）如何记住装配约束？如果要移除某个零件的已记住的约束，应该如何操作？

5）上机实训：本书配套资料包里的"CH6"丨"千斤顶"文件夹里提供了某台千斤顶的零件，请使用 NX 将它们装配成图 6-59 所示的千斤顶整体装配效果。

图 6-59　千斤顶装配完成效果

项目任务二 ● 创建平口虎钳的爆炸图

 学习目标 《

⊜ 掌握设置显示和隐藏约束。
⊜ 掌握如何显示自由度。
⊜ 掌握创建装配爆炸图的一般方法及技巧。
⊜ 掌握在爆炸图中创建追踪线的方法及步骤。

一、工作任务

项目要求：以本章项目任务一装配完成的平口虎钳模型为例，先练习显示和隐藏约束、显示选定组件的自由度等操作，接着创建该装配模型的爆炸图，并在爆炸图中创建追踪线。

图 6-60　平口虎钳爆炸图及其追踪线

二、知识点

1. 显示和隐藏约束

在功能区"装配"选项卡的"组件位置"面板中单击"显示和隐藏约束"按钮，弹出图 6-61 所示的"显示和隐藏约束"对话框，利用该对话框可以控制这些对象的可见性：选定的约束、与选定组件相关联的所有约束、仅选定组件之间的约束。在该对话框上，还提供有"更改组件可见性"复选框和"过滤器装配导航器"复选框，前者用于指定是否仅仅是操作结果中涉及的组件可见（受影响的隐藏组件变得可见，而约束未包含在结果中的组件处于隐藏状态），后者用于指定是否在装配导航器中过滤操作中未涉及的组件。

在装配导航器右击"约束"总节点后从快捷菜单中取消选中"在图形中显示约束"命令可以设置在图形中不显示约束。反之，设置在图形中显示约束。

2. 显示自由度

在功能区"装配"选项卡的"组件位置"面板中单击"显示自由度"按钮✛，接着在装配体中选择要操作的组件，即可临时显示所选组件的自由度，如图 6-62 所示，自由度箭头显示在图形窗口中，同时在状态栏中显示组件中存在的旋转和平移自由度的数目。

图 6-61　"显示和隐藏约束"对话框　　　　图 6-62　显示选定组件的自由度

3. 创建与编辑爆炸图

爆炸图（Exploded Views）是由英文意译而来的，它是当今三维 CAD/CAM/CAE 软件的一个重要功能，通过该功能可以将组成装配体的部件拆装出来进行图解，以说明或表示装配体的各个构件，有助于设计师更快地读懂装配图。在产品说明书中常见的装配示意图就是爆炸图。

要创建爆炸图（即在工作视图中新建爆炸），则在功能区"装配"选项卡中单击"爆炸图"🧩|"新建爆炸"按钮🧩，弹出图 6-63 所示的"新建爆炸"对话框，在"名称"文本框中输入新爆炸图的名称，单击"确定"按钮即可。

图 6-63　"新建爆炸"对话框

在工作视图中新建爆炸图后，可以使用"自动爆炸组件"按钮🧩定义爆炸图中一个或多个选定组件的位置（此命令可沿基于组件的装配约束的法向矢量来偏置每个选定的组件），也可以使用"编辑爆炸"按钮🧩来编辑选定组件的位置。采用自动爆炸组件的方法并非每次都会生成理想的爆炸图，因而有时还需要使用"编辑爆炸"按钮🧩来优化自动爆炸图。

在功能区"装配"选项卡中单击"爆炸图" 🔩 丨"自动爆炸组件"按钮🔩，弹出"类选择"对话框，选择所需的组件，单击"确定"按钮，系统弹出"自动爆炸组件"对话框，在"距离"文本框中设定自动爆炸距离值，如图 6-64 所示，然后单击"确定"按钮，则所选组件以设定的距离值沿着装配约束的法向矢量来偏移，例如在图 6-65 中，开槽锥端紧定螺钉这个小零件便是通过"自动爆炸组件"方式来获得放置位置的。

图 6-64   "自动爆炸组件"对话框   图 6-65   自动爆炸组件

在功能区"装配"选项卡中单击"爆炸图" 🔩 丨"编辑爆炸"按钮🔩，弹出图 6-66 所示的"编辑爆炸"对话框，接着选择要爆炸的组件，可以选择一个组件也可以选择多个组件，选择好要爆炸的组件后在"编辑爆炸"对话框中选择"移动对象"单选按钮，可以拖动所需的方向手柄来移动选定的组件，如图 6-67 所示，可以输入精确的偏移距离值，然后单击"应用"按钮或"确定"按钮。

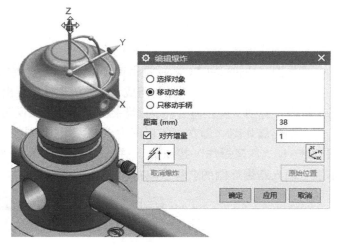

图 6-66   "编辑爆炸"对话框   图 6-67   编辑爆炸

如果要将组件恢复到原先的未爆炸位置，那么可以在功能区"装配"选项卡中单击"爆炸图" 🔩 丨"取消爆炸组件"按钮🔩，接着利用弹出来的"类选择"对话框选择所需组件，单击"确定"按钮即可。

当创建有多个爆炸图时，那么可以通过图 6-68 所示的"工作视图爆炸"下拉列表框来更改工作的爆炸图，还可以选择"（无爆炸）"选项来切换到无爆炸的装配视图状态。

如果要删除未显示在任何视图中的装配爆炸，那么可以在功能区的"装配"选项卡中

单击"爆炸图"  |"删除爆炸"按钮 ，弹出图 6-69 所示的"爆炸图"对话框，从中选择要删除的爆炸图，单击"确定"按钮。

图 6-68　更改工作爆炸图

图 6-69　"爆炸图"对话框

4. 隐藏与显示视图中的组件

要隐藏视图中选定的组件，那么可以在功能区的"装配"选项卡中单击"爆炸图"  |"隐藏视图中的组件"按钮，弹出图 6-70 所示的"隐藏视图中的组件"对话框，接着在装配导航器中选择要隐藏的组件，单击"应用"按钮或"确定"按钮即可。

如果后来想显示视图中的选定隐藏组件，那么可以在功能区的"装配"选项卡中单击"爆炸图"  |"显示视图中的组件"按钮，弹出"显示视图中的组件"对话框，从列表中选择要显示的组件，以及设置是否保持视图组件显示，如图 6-71 所示，然后单击"应用"按钮或"确定"按钮。

图 6-70　"隐藏视图中的组件"对话框

图 6-71　"显示视图中的组件"对话框

5. 创建装配追踪线

可以在爆炸图中创建组件的追踪线来指示组件的装配位置，一般可用来描绘爆炸组件在装配或拆卸过程中遵循的路径。

要创建追踪线，则要先确保工作视图当前显示的是爆炸图，接着按照以下方法步骤进行。

1）在功能区"装配"选项卡中单击"爆炸图"  |"追踪线"按钮，弹出图 6-72 所示的"追踪线"对话框。

2）在"起始"选项组中确保选中"指定点"，利用合适的指定点方法来获取一个点作为追踪线的起点。

3）在"终止"选项组的"终止对象"下拉列表框中选择"点"或"分量"选项。其中"点"选项用于大多数情况，以便于选择所需的终止点。如果很难选择终止点，那么可以选择"分量"选项以接着选择追踪线应在其中结束的组件。

4）指定终止点或终止组件后，如果有必要，则在"路径"选项组中单击"备选解"按钮 🔄，以在可能的追踪线之间循环。

📎 操作技巧：

也可以选择任意分段拖动手柄，拖动这些手柄直至获取所需的追踪线形状。

5）单击"应用"按钮或"确定"按钮，即可创建一条追踪线。

在图 6-73 所示的爆炸图中创建有一根较短的追踪线。

图 6-72　"追踪线"对话框

图 6-73　创建追踪线

📖 知识点拨：

追踪线只能在创建它们时所在的爆炸图中显示。

三、任务实施步骤

本项目任务在平口虎钳上的相关操作步骤如下。

1）启动 NX 设计程序后，打开位于配套资料包的"CH6｜项目任务二之平口虎钳爆炸图"文件夹里的"平口虎钳装配.prt"文件。

2）显示螺杆的自由度。在功能区"装配"选项卡的"组件位置"面板中单击"显示自由度"按钮 ✥，弹出图 6-74 所示的"组件选择"对话框，在图形窗口中选择螺杆，则显示螺杆有一个旋转自由度，如图 6-75 所示。

图 6-74　"组件选择"对话框

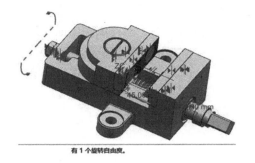

有 1 个旋转自由度。

图 6-75　显示螺杆的旋转自由度

3）隐藏全部的约束。隐藏装配体全部约束的快捷方法是在装配导航器中右击"约束"总节点，接着从弹出的快捷菜单中取消选中"在图形窗口中显示约束"命令（见图 6-76），此时在图形窗口中便看不到约束了，如图 6-77 所示。

图 6-76　设置在图形窗口中不显示约束

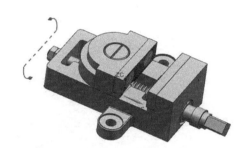

图 6-77　在图形窗口中不显示约束

知识点拨：

如果要在图形窗口中重新选中约束，那么可以在装配导航器中右击"约束"总节点，接着从弹出的快捷菜单中选中"在图形窗口中显示约束"命令即可。

4）创建一个装配爆炸图。在功能区的"装配"选项卡中单击"爆炸图" ✔ ｜ "新建爆炸" 按钮✔，弹出"新建爆炸"对话框，在"名称"文本框中接受默认的新爆炸名称为"Explosion 1"，单击"确定"按钮。

5）自动爆炸组件。在功能区"装配"选项卡中单击"爆炸图" ✔ ｜ "自动爆炸组件"按钮✔，弹出"类选择"对话框，选择图 6-78 所示的一个螺母，单击"确定"按钮，系统弹出"自动爆炸组件"对话框，在"距离"文本框中设定自动爆炸"距离"值为"30mm"，如图 6-79 所示，然后单击"确定"按钮，

本次自动爆炸的结果如图 6-80 所示。

6）编辑各组件的爆炸位置。在功能区"装配"选项卡中单击"爆炸图" ✔ ｜ "编辑爆炸"按钮✔，弹出图 6-81 所示的"编辑爆炸"对话框，使用对话框选择对象和移动对象，

例如选择另一个未爆炸的螺母，接着在"编辑爆炸"对话框选择"移动对象"单选按钮，使用鼠标拖动指定轴上的手柄将该螺母拖到预定位置处，如图6-82所示，单击"应用"按钮。

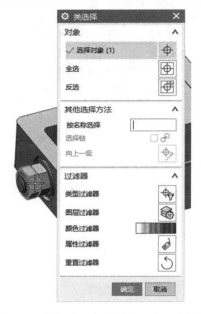

图 6-78　选择要"自动爆炸"的 1 个组件

图 6-79　输入爆炸距离

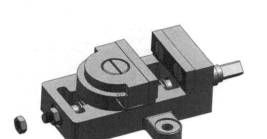

图 6-80　自动爆炸一个螺母组件的结果

图 6-81　"编辑爆炸"对话框

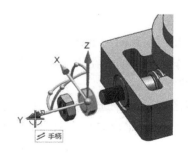

图 6-82　将第二个螺母拖至预定位置

要移动其他组件，则在"编辑爆炸"对话框中选择"选择对象"单选按钮，接着选择要编辑爆炸位置的组件，再在对话框中选择"移动对象"单选按钮，选择方向并拖动或设置精确参数等来移动对象。有时可以选择多个对象来整体移动，在合适的位置处再次编辑单个组件的位置。最后编辑完成的各组件爆炸位置如图 6-83 所示。

图 6-83 编辑爆炸视图

7）创建第一条装配追踪线。在功能区"装配"选项卡中单击"爆炸图" 📌 | "追踪线"按钮♪，弹出"追踪线"对话框。在"起始"选项组中，确保选中"指定点"，在螺杆螺纹一端的端面圆心点作为追踪线的起点，如图 6-84 所示。在"终止"选项组的"终止对象"下拉列表框中选择"点"选项，在最外侧的螺母一端选定其端面圆心作为追踪线的终止点，如图 6-85 所示。

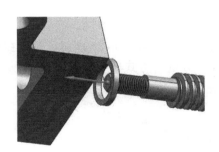

图 6-84 指定起始点

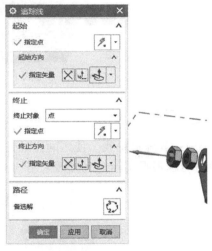

图 6-85 指定终止点

显然，追踪线中间部分还需要调整。在"路径"选项组中单击"备选解"按钮🔄，以获得图 6-86 所示的形状。

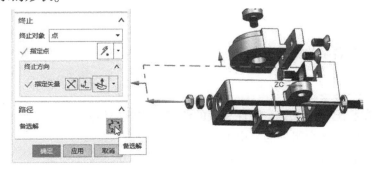

图 6-86 切换备选解

使用鼠标选择相关的分段拖动手柄，拖动其到合适的位置处，直到获得图 6-87 所示的追踪线形状。

图 6-87　使用分段拖动手柄调整追踪线形状

在"追踪线"对话框中单击"应用"按钮，完成创建的第一条追踪线如图 6-88 所示。

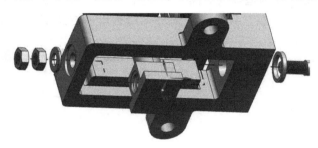

图 6-88　完成创建第一条追踪线

8）创建其他追踪线。使用同样的方法创建其他追踪线，如图 6-89 所示。其中在指定终止对象时可以根据实际情况灵活采用"点"方式或"分量"方式来进行。

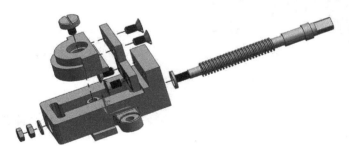

图 6-89　完成所有追踪线（仅供参考）

9）另存为指定名字的副本文件。

四、　思考与实训

1）如果要在装配中隐藏某个组件关联的约束，应该如何操作？
2）要知道装配中某个组件的自由度，应该怎么操作？
3）如何隐藏装配视图中的某个组件？
4）如果在图形窗口中不显示约束，怎么办？

5）上机操练：本书配套资料包里的"CH6" | "千斤顶"文件夹里提供有某台千斤顶的零件，在上一个项目任务中完成了千斤顶整体装配设计，本题要求创建该千斤顶的爆炸图，以及在爆炸图中创建相应的追踪线，如图6-90所示。

图 6-90　千斤顶爆炸图（含追踪线）

第 7 章　工程图设计

　本章导读 《

　　零件、产品或设备设计好了之后，通常还要进行其工程图的设计。在 UG NX 中，可以通过三维模型在"制图（工程图）"应用模块中生成相应的工程视图，并依据设计要求对工程视图进行相应的标注。本章以两个综合项目任务实例来深入浅出地介绍 NX 工程图设计。

项目任务一	••• 机械零件（支架）工程图设计

　　学习目标 《

- 了解"工程图"应用模块下的基本应用。
- 掌握各类常用工程视图（如基本视图、投影视图、剖视图）的创建。
- 掌握工程视图的常用标注注释方法和技巧。

一、　工作任务

　　要求：已知创建好图 7-1 所示的支架三维模型，要求根据该三维实体模型创建工程视图。

图 7-1　支架零件三维模型

二、　知识点

　　1. NX "制图"模块概述

　　NX 提供有专门的"制图"应用模块，使用户可以制作和维护符合主要的国家和国际制图标准的工程图样。在"制图"应用模块里创建图样主要有表 7-1 所示的两种流程。其中，基于模型的图样流程是最为常用的制图流程。

表 7-1　在 NX 中创建图样的两种流程

序　号	流 程 类 型	流程具体说明
1	基于模型的图样流程	直接引用 3D 模型（零件或装配）在"制图"应用模块中创建图样和视图等，这些都与模型完全关联，对模型所做的任何更改都会自动反映在图样中
2	独立的图样流程	创建独立 2D 图样，有两种基本独立的方法：一是非基于视图的方法，即使用 2D 几何体和专用制图工具创建图样以便创建图样详细信息；二是基于图样视图的方法，即使用图样视图管理 2D 曲线和生成的 3D 建模草图，可以使用其他工具将 2D 内容转换为 3D 模型

以 NX 中的基于模型的图样流程为例，介绍利用现有 3D 模型创建图样的一般过程。

（1）设置制图标准和图样首选项

进入"制图"应用模块，在创建图样之前，建议先为新图样设置所需的制图标准、制图视图首选项和注释首选项等，这是为了图样标准化、规范化。设置了之后，所有新创建的视图和注释都将保持一致，具有统一的视觉特性和符号体系，例如确保满足国家制图标准。

例如，在"制图"应用模块中要加载所需的制图标准，则可以在上边框条中单击"菜单"｜"工具"｜"制图标准"命令，弹出图 7-2 所示的"加载制图标准"对话框，在"从以下级别加载"下拉列表框中选择一个级别，从"标准"下拉列表框中选择一个标准，如选择"GB"，然后单击"确定"按钮。接着可以在"文件"选项卡的"首选项"菜单列表中选择"制图"命令，打开"制图首选项"对话框，对"图纸视图""尺寸""注释""符号"等节点下的各选项进行查看和设置，确保满足所需的制图标准。

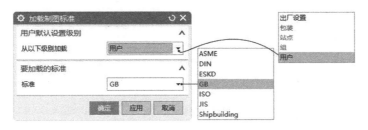

图 7-2　"加载制图标准"对话框

（2）新建图纸

如同有纸才能在其上画画、写字一样，那么在添加视图之前需要新建图纸页。既可以在当前工作部件中直接创建图纸页，也可以先创建包含模型几何体（作为组件）的非主模型图纸部件并进而创建图纸页。

（3）添加视图

在图纸页上创建单个视图或多个视图，所有视图均直接派生自引用模型。视图的多少和表现方式要根据模型的结构特点和设计要求来确定。有些模型视图需要剖视图和局部放大图等。

（4）添加尺寸和注释

在视图中添加所需的尺寸和注释。这些尺寸和注释均与视图中的几何体相关联。如果将视图移动，那么相关联的尺寸和注释也将一起移动。如果编辑了模型，那么尺寸和注释也会随之更新以反映所做的更改。对于装配图样，还可以添加零件明细表等。

要进入"制图"应用模式，有两种方式：一种是新建一个图纸类型的文档；另一个是从模型文档中选择"制图"应用模块进行切换。

2. 图纸页操作

要创建新图纸页，那么可以在"制图"应用模块的"主页"选项卡中单击"新建图纸页"按钮 ，弹出图 7-3 所示的"工作表"（图纸页）对话框，接着可以采用"标准尺寸""使用模板""定制尺寸"这三种方式之一来新建图纸页，注意我国采用第一象限角投影 ，可以设置勾选"始终启动视图创建"复选框，接着选择"视图创建向导"单选按钮或"基本视图命令"单选按钮，最后单击"应用"按钮或"确定"按钮。

可以编辑当前活动的图纸页，其方法是单击"编辑图纸页"按钮 ，系统弹出图 7-4 所示的"工作表"（图纸页）对话框，接着利用该对话框对图纸中的活动图纸页进行编辑，包括其名称、尺寸大小、比例、量度单位和投影角等内容，然后单击"确定"按钮。

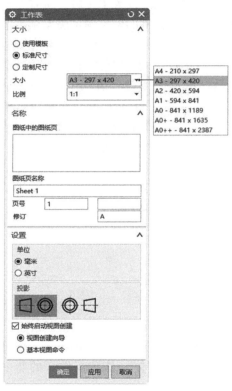

图 7-3　"工作表"（图纸页）对话框（1）　　　图 7-4　"工作表"（图纸页）对话框（2）

如果在部件导航器的"图纸"节点下双击某一个非活动图纸页（非工作图纸页），可以马上将该图纸页切换为工作图纸页。如果要删除非活动图纸页（非工作图纸页），则可以在部件导航器上选择"图纸"节点下的所需非活动图纸页并右击，然后选择"删除"命令 ✕。

3. 创建基本视图

在"制图"应用模块的功能区"主页"选项卡的"视图"面板中单击"基本视图"按钮 ，弹出图 7-5 所示的"基本视图"对话框。确保选择所需部件后，分别指定视图原点

（指定放置视图的位置）、模型视图（俯视图、前视图、右视图、后视图、仰视图、左视图、正等测图或正三轴测图）、比例等，即可在图纸页的指定位置处创建一个基本视图。如果在"基本视图"对话框的"设置"选项组中单击"设置"按钮 <u>A</u>，弹出"基本视图设置"对话框，接着可以对基本视图的相关内容进行设置（以确保符合相关的制图标准和规范），如图 7-6 所示，然后单击"确定"按钮。

图 7-5 "基本视图"对话框   图 7-6 "基本视图设置"对话框

例如，打开配套资料包的 CH7 文件夹里的"视图课堂练习 A_dwg1.prt"文档，在已有图纸页上分别创建图 7-7 所示的两个一般视图，左边使用的模型视图是俯视图，右边一个视图使用的是正等测图，比例均为 1∶1。

4. 创建投影视图

可以从任何父视图创建投影正交或辅助视图，其方法是在功能区"主页"选项卡的"视图"面板中单击"投影视图"按钮 <u>彩</u>，弹出图 7-8 所示的"投影视图"对话框，接着指定父视图、铰链线（含定义投影方向）、视图原点、放置方法等，然后单击"关闭"按钮。

在图 7-9 所示的视图中，上方的视图是根据俯视图在其上方投影通道线上创建的投影视图。

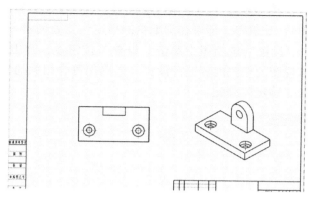

图 7-7　创建两个一般视图

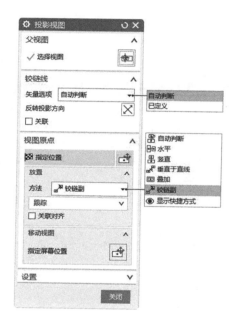

图 7-8　"投影视图"对话框

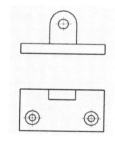

图 7-9　在俯视图上方创建投影视图

5. 创建剖视图

剖视图主要用于表达机件内部的结构形状，它是假想用一剖切面（平面或曲面）剖开机件，移去处于观察者和剖切面之间的部分，并将其余部分向投影面上投射，获得的图形便是剖视图。如果按剖切范围来划分，则可以将剖视图的类型划分为全剖视图、半剖视图和局部剖视图这几种。

NX 剖视图取决于父视图和父视图中的剖切线。如果将父视图删除了，那么剖视图和剖切线也会一同被删除。

在 NX "制图"应用模块中，要创建剖视图，可以在功能区"主页"选项卡的"视图"面板中单击"剖视图"按钮 ，弹出图 7-10 所示的"剖视图"对话框，从"截面线"选项组的"定义"下拉列表框中可以看到提供有"动态"和"选择现有的"两个选项，前者用于选择现有制图视图后动态地创建剖切线，后者用于选择现有的独立剖切线来生成剖视图。

当从"定义"下拉列表框中选择"动态"选项时，"方法"下拉列表框提供了"简单剖/阶梯剖""半剖""旋转""点到点"这些方法选项来创建相应类型的剖视图。例如以创建一个全剖视图（简单剖视图）为例，铰链线的矢量选项为"自动判断"，在所需的一个视图中（该视图将默认作为父视图，可自行选择父视图）指定一个点（如选择圆心）定位剖切线段位置，接着注意"视图原点"选项组的方向和放置方法设置，并准备在图纸页上指定放置视图的位置，如图7-11所示，指定放置视图的位置后，结果创建的全剖视图如图7-12所示。

图7-10　"剖视图"对话框

图7-11　指定视图原点和放置

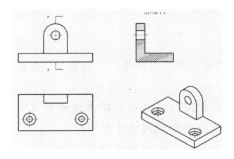

图7-12　完成创建一个简单剖视图（全剖视图）

创建阶梯剖视图与创建简单剖视图类似，区别在于阶梯剖视图需要在剖切线中定义其他剖切段。假设要创建阶梯剖视图，那么可以按照以下的方法步骤来进行。

1）单击"剖视图"按钮后，从"剖视图"对话框的"截面线"的"定义"下拉列表框中选择"动态"选项，从"方法"下拉列表框中选择"简单剖/阶梯剖"选项，"铰链线"选项组的矢量选项默认为"自动判断"。

2）"截面线段"选项组中的"指定位置"按钮处于被选中的状态，开启或关闭某些捕捉点方法以便于在视图上选择所需的点，例如选择图7-13所示的一个中点。

3）将动态剖切线移至所希望的剖切位置，根据需要确定剖切方向，单击鼠标右键并选择"截面线段"选项（也可以在对话框的"截面线段"选项组中单击"指定位置"按钮），选择下一个用于放置剖切段的点，如图7-14所示。

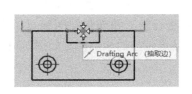
图7-13　选择第一个点

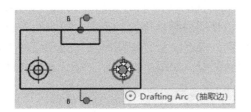
图7-14　选择第2点添加第二个剖切段

4）可以根据需要选择其他点以添加后续剖切段。

5）在父视图中可以选择所需的一个折弯段手柄并将其拖动到新位置，如图7-15所示，此步骤为可选步骤。

6）在"视图原点"选项组的"方向"下拉列表框中分别指定方向选项、放置方法等，在合适的位置处单击以放置视图，结果如图7-16所示。

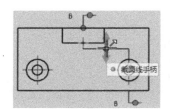
图7-15　可移动折弯段

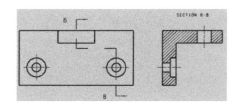
图7-16　指定放置视图位置以完成创建阶梯剖视图

知识点拨：

视图放置方法选项有"自动判断""水平""竖直""垂直于直线""叠加""铰链副"，它们功能含义如下。

● "自动判断"：通过当前视图位置自动判断最佳放置方法，并使用该方法对齐视图。

● "水平"：将所选视图与另一个视图水平对齐。

● "竖直"：将所选视图与另一个视图竖直对齐。

● "垂直于直线"：将所选视图与指定的和另一视图相关的参考线垂直对齐。可以使用"指定矢量"来指定直线。

● "叠加"：将所选视图与另一个视图水平/竖直对齐，以便使视图相互叠加。

● "铰链副"：使用父视图的铰链线对齐视图（铰链方法使用三维模型上的点对齐视图），该选项适用于投影视图和剖视图。对于投影视图，此方法仅仅在投影视图从导入视图创建时可用。

6. 创建局部剖视图

局部剖视图实际上是通过移除部件的某个外部区域来表现（查看）部件的内部情况，

局部剖视图的局部剖切区域由边界曲线形成的闭环来定义。

　　展开视图或进入活动草图视图状态可以创建边界曲线，例如，选择图 7-17 所示的一个视图，接着在出现的浮动工具栏中单击"活动草图视图"按钮 🔲，进入活动草图视图状态，可以使用相关的草图曲线来绘制边界曲线。这里，单击"草图曲线" ⚲⁄ |　"艺术样条"按钮 ⌒，绘制图 7-18 所示的封闭样条曲线作为局部剖边界曲线，单击"完成草图"按钮 🏁。

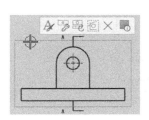

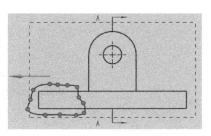

图 7-17　选择要创建局部剖视图的视图　　　　图 7-18　绘制样条曲线作为局部剖边界

　　准备好边界曲线后，在功能区"主页"选项卡的"视图"面板中单击"局部剖视图"按钮 🔲，弹出图 7-19 所示的"局部剖"对话框，接着选择要生成局部剖的一个视图，此时"局部剖"对话框如图 7-20 所示。

图 7-19　"局部剖"对话框（1）　　　　图 7-20　"局部剖"对话框（2）

　　指定基点。可以在另一个视图中指定基点，如图 7-21 所示。

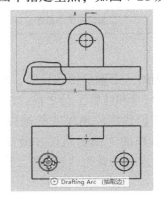

图 7-21　指定基点

接下来到了指定拉伸矢量环节，这里单击鼠标中键接受默认的拉伸矢量定义并进入到选择边界曲线环节。

选择边界曲线，并在"局部剖"对话框中勾选出现的"对齐作图线"复选框，然后在"局部剖"对话框中单击"应用"按钮，完成创建局部剖视图，如图7-22所示。

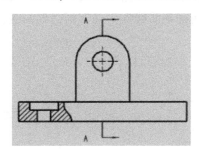

图 7-22　完成创建局部剖视图

使用"局部剖视图"按钮 ⬚ 还可以创建轴测局部剖视图。

7. 视图编辑主要工具

视图编辑的主要工具见表7-2，用户应该掌握它们的功能含义。视图编辑的这些工具在使用操作上都比较简单。

表 7-2　"制图"应用模块提供的主要视图编辑工具

序　号	按　钮	命　令	功　能　含　义
1		更新视图	在选定视图中更新视图内容
2		移动/复制视图	将视图移动或复制到另一个图纸页上
3		视图对齐	在视图之间创建永久对齐
4		视图边界	编辑图纸页上某一个视图的视图边界
5		隐藏视图中的组件	隐藏视图中选定的组件
6		显示视图中的组件	显示视图中的选定隐藏组件
7		视图中的次要几何元素	重新定义或更新选定视图的次要几何元素规格
8		视图相关编辑	编辑视图中对象的显示，同时不影响其他视图中同一对象的显示

8. 标注尺寸与注释工具

视图标注尺寸与注释是工程图的一个重要工作环节。NX 提供了丰富的尺寸工具和注释工具，见表7-3。在使用其中一些尺寸和注释工具之前，注意确保尺寸与注释要满足相应的标准，例如标注的倒斜角尺寸。在创建倒斜角尺寸的过程中，可以在"倒斜角尺寸"对话框中单击"设置"按钮 ⬚，利用弹出的"倒斜角尺寸设置"对话框来对倒斜角格式等进行相关的设置。例如，通常将倒斜角样式设置为"符号"，其指引线样式可以为"指引线与倒斜角平行"。

表7-3　"制图"应用模块提供的主要尺寸和注释工具一览表

序　号	按　钮	命　令	功　能　含　义
1		快速	根据选定对象和光标的位置自动判断尺寸类型来创建尺寸
2		线性	在两个对象或点位置之间创建线性尺寸
3		径向	创建圆形对象的半径或直径尺寸
4		角度	在两条不平行线之间创建角度尺寸
5		倒斜角	在倒斜角曲线上创建倒斜角尺寸
6		厚度	创建厚度尺寸来测量两条曲线之间的距离
7		弧长	创建弧长尺寸来测量圆弧的周长
8		坐标	创建坐标尺寸，测量从公共点沿一条坐标基线到某一个对象上位置的距离
9		注释	创建注释
10		特征控制框	创建单行、多行或复合的特征控制框
11		基准特征符号	创建基准特征符号
12		基准目标	创建基准目标
13		符号标注	创建符号注释
14		焊接符号	创建关联焊接符号
15		图像	在图纸页上放置光栅图像（jpg、jpe、jpeg、tif、tiff 或 png）
16		目标点符号	创建可用于进行尺寸标注的目标点符号
17		相交符号	创建相交符号，该符号代表拐角上的证示线
18		表面粗糙度符号	创建表面粗糙度符号
19		中心标记	创建中心标记
20		螺栓圆中心线	创建完整或部分螺栓圆中心线
21		圆形中心线	创建完整或不完整的圆形中心线
22		对称中心线	创建对称中心线
23		2D 中心线	创建 2D 中心线
24		3D 中心线	基于面或曲线输入创建中心线，其中产生的中心线是真实 3D 中心线
25		自动中心线	自动创建中心标记、圆形中心线和圆柱形中心线
26		偏置中心点符号	创建偏置中心点符号，该符号表示某一圆弧的中心，该中心的位置偏离其真正中心
27		剖面线	在指定边界内创建图样
28		区域填充	在指定边界内创建图样或填实

 三、　任务实施步骤

本项目任务的实施步骤如下。

1）新建一个图纸文档。启动 NX 软件后，在"快速访问"工具栏上单击"新建"按钮，弹出"新建"对话框，切换至"图纸"选项卡，从"单位"下拉列表框中确保选中"毫米"选项，从"关系"下拉列表框中选择"引用现有部件"选项，从"模板"列表中

选择"A4 – 无视图",将新文件名设定为"CH7_ R1_ dwg1",指定要保存到的文件夹(目录路径),如图 7-23 所示。

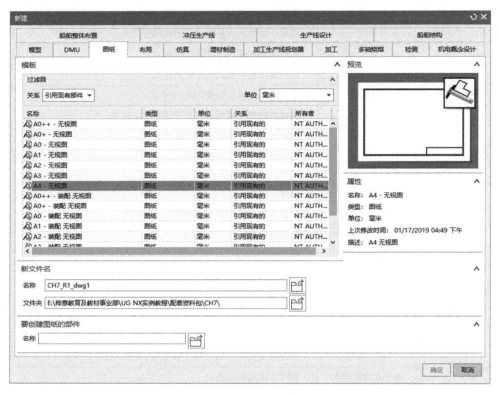

图 7-23 "新建"对话框(创建图纸文档)

在"要创建图纸的部件"选项组中单击"浏览/打开"按钮,弹出"选择主模型部件"对话框,接着在"选择主模型部件"对话框中单击"浏览/打开"按钮,选择"支架 . prt"部件(位于本书配套资料包的 CH7 文件夹)来打开,此时"选择主模型部件"对话框如图 7-24 所示,单击"确定"按钮,然后在"新建"对话框中单击"确定"按钮。

如果系统自动弹出图 7-25 所示的"视图创建向导"对话框,直接单击"取消"按钮。

在图纸页上的 A4 图框内右上角处选择"其余"两字和表面粗糙度符号,从出现的浮动工具栏上单击"删除"按钮,或者直接按〈Delete〉键将它们删除。

2)创建第一个视图(基本视图)。在功能区"主页"选项卡的"视图"面板中单击"基本视图"按钮,弹出"基本视图"对话框。从"模型视图"选项组的"要使用的模型视图"下拉列表框中选择"右视图"

图 7-24 "选择主模型部件"对话框

图 7-25 "视图创建向导"对话框

选项，在"比例"选项组的"比例"下拉列表框中选择"1∶1"选项，如图 7-26 所示，在图框内指定放置视图的位置。

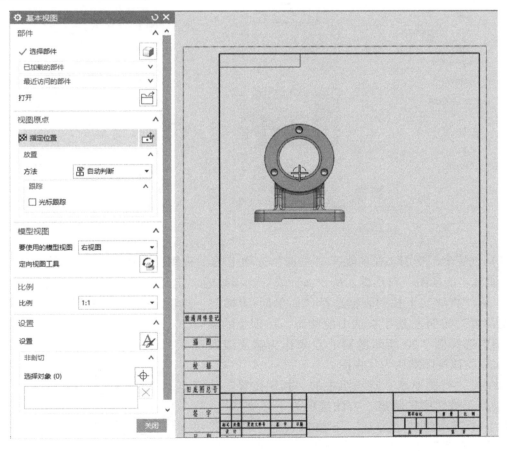

图 7-26 创建基本视图

3）创建投影视图。此时系统弹出"投影视图"对话框。如果系统没有弹出"投影视图"对话框，那么可以在功能区"主页"选项卡的"视图"面板中单击"投影视图"按钮来打开。NX 默认第一个基本视图作为父视图，"铰链线"的"矢量选项"为"自动判断"，在"视图原点"选项组的"方法"下拉列表框中选择"铰链副"选项，勾选"关联对齐"复选框，确保"指定位置"按钮处于被选中的状态，如图 7-27 所示，将预览的投影视图拖到父视图下方的合适位置处单击以指定放置视图的位置，然后单击"投影视图"对话框的"关闭"按钮。创建的投影视图如图 7-28 所示。

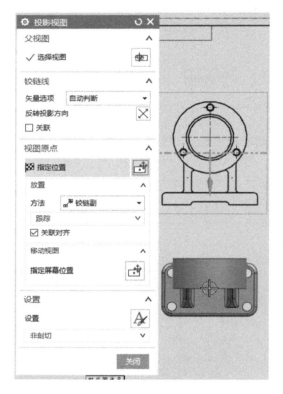

图 7-27　创建投影视图的设置操作

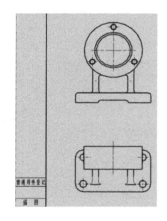

图 7-28　创建投影视图

4）创建全剖视图。在功能区"主页"选项卡的"视图"面板中单击"剖视图"按钮，弹出"剖视图"对话框。从"截面线"选项组的"定义"下拉列表框中选择"动态"选项，从"方法"下拉列表框选择"简单剖/阶梯剖"选项，确保"截面线段"选项组的"指定位置"按钮处于被选中的状态，在创建的第一个视图中选择图 7-29 所示的圆心点来作为截面线段位置，关联的该视图默认为父视图。

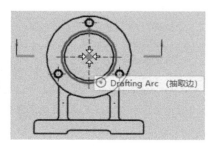

图 7-29　指定截面线段位置

此时，"视图原点"选项组中的"指定位置"按钮自动处于被选中的状态，方法选项为"正交的"，从"放置"子选项组的"方法"下拉列表框中选择"水平"，从"对齐"下拉列表框中选择"对齐至视图"选项，在父视图右侧合适位置处单击以定义放置视图，如

图 7-30 所示。

在"剖视图"对话框中单击"关闭"按钮。

5）创建局部剖视图。在图纸页上右击第一个基本视图，从弹出的浮动工具栏或快捷菜单中选择"活动草图视图"按钮 ，如图 7-31 所示，接着在"草图"面板中单击"草图曲线" ○| "艺术样条"按钮 ╱，绘制图 7-32 所示的封闭的样条曲线，单击"完成草图"按钮 ▶退出活动草图视图模式。

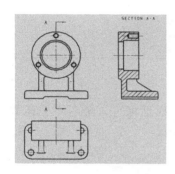

图 7-30 创建全剖视图

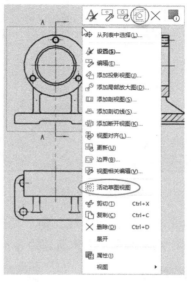

图 7-31 激活活动草图视图

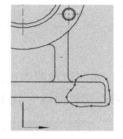

图 7-32 在活动草图视图
模式下绘制样条

知识点拨:

如果只是在图纸页上单击选择第一个基本视图，那么只会弹出浮动工具栏，而没有提供快捷菜单。

在功能区"主页"选项卡的"视图"面板中单击"局部剖视图"按钮 ▨，弹出图 7-33 所示的"局部剖"对话框。在图形窗口中选择要生成局部剖的视图，也可以在"局部剖"对话框的视图列表中选择该视图名称（本例所需的视图名称为"Right@1"）。选择一个要生成局部剖的视图后，"局部剖"对话框变为图 7-34 所示，接着在另一个对应视图中选择一个圆心以定义基点。

图 7-33 "局部剖"对话框（3）

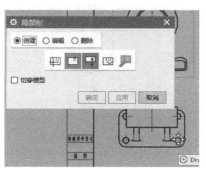

图 7-34 "局部剖"对话框（4）

"局部剖"对话框自动切换至"指出拉伸矢量"状态 ⬚ ，如图7-35所示，本例单击鼠标中键以接受默认定义并继续，此时"局部剖"对话框指定切换至"选择曲线"状态 ⬚ ，如图7-36所示。

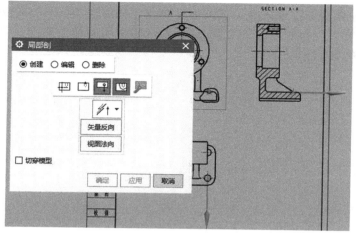

图7-35　定义拉伸矢量

在所需视图中选择用于定义剖切边界的曲线，则"局部剖"对话框进入最后一个环节"修改边界曲线"状态 ⬚ ，如图7-37所示，本例所选边界不可修改。

图7-36　自动切换至"选择曲线"状态

图7-37　选择定义剖切边界的曲线之后

在"局部剖"对话框中确保勾选"对齐作图线"复选框，单击"应用"按钮，生成的局部剖效果如图7-38所示。然后在"局部剖"对话框上单击"关闭"按钮 ✕ 。

6）创建螺栓圆中心线。在图7-39所示的视图中选择要删除的3个中心标记，接着在出现的浮动工具栏中单击"删除"按钮 ✕ ，将它们删除。

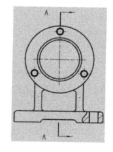

图7-38　生成一个局部剖

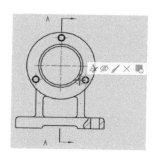

图7-39　选择要删除的中心标记

在功能区"主页"选项卡的"注释"面板中单击"螺栓圆中心线"按钮 🔩 ，弹出"螺栓圆中心线"对话框，选择"通过3个或多个点"选项，在"放置"选项组中勾选"整圆"复选框，在"设置"选项组中将"（A）缝隙"值设置为"1"，"（B）虚线"值设置为"3"，"（C）延伸"值设置为"3"，取消勾选"单独设置延伸"复选框，选择"宽度"为"0.13mm"，在要操作的视图中分别选择圆心点1、圆心点2和圆心点3，如图7-40所示，然后单击"确定"按钮，完成创建螺栓圆中心线的效果如图7-41所示。

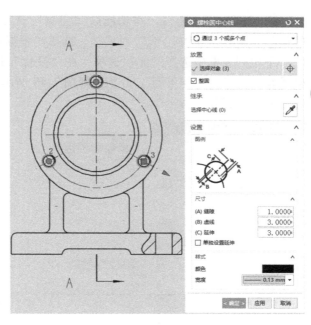

图 7-40 "螺栓圆中心线"对话框

7）创建3D中心线。在功能区"主页"选项卡的"注释"面板中单击"3D中心线"按钮 ，弹出图7-42所示的"3D中心线"对话框，设置好相关的选项和参数后，选择图7-43所示的孔圆柱曲面以生成其3D中心线，单击"确定"按钮。

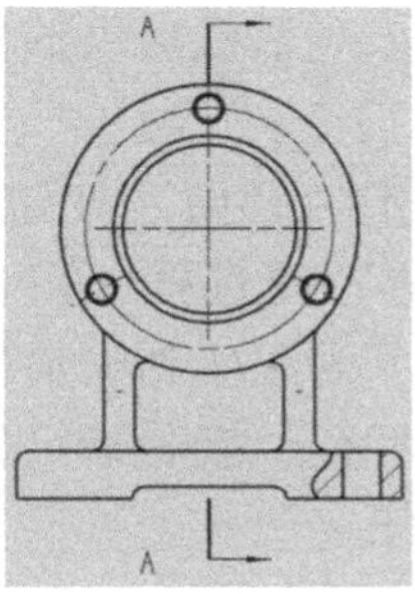

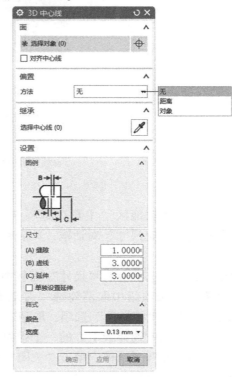

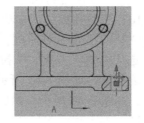

图 7-41 创建螺栓
圆中心线

图 7-42 "3D中心线"对话框

图 7-43 选择孔圆柱曲面
生成其3D中心线

8）创建 2D 中心线。在功能区"主页"选项卡的"注释"面板中单击"2D 中心线"按钮，弹出"2D 中心线"对话框。选择"根据点"类型选项，从"偏置"选项组的"方法"下拉列表框中选择"无"选项，在"设置"选项组对照着图例进行相应的尺寸设置和样式设置，如图 7-44 所示。分别选择图 7-45 所示的两个圆心点来生成一条 2D 中心线，单击"确定"按钮。

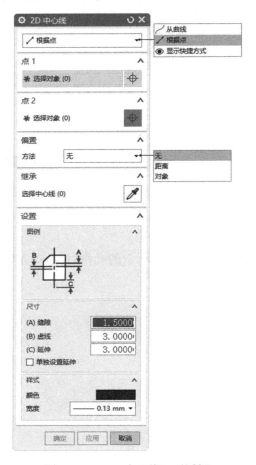

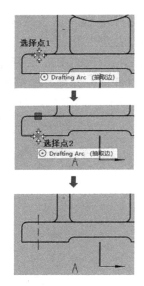

图 7-44 "2D 中心线"对话框   图 7-45 选择两点来生成 2D 中心线

9）使用"快速"工具标注尺寸。在功能区"主页"选项卡的"尺寸"面板中单击"快速"按钮，弹出图 7-46 所示的"快速尺寸"对话框，灵活利用该对话框提供的测量方法来对各视图进行尺寸标注。

10）进行孔标注。在功能区"主页"选项卡的"尺寸"面板中单击"径向"按钮，弹出"径向尺寸"对话框，在"原点"选项组中取消勾选"自动放置"复选框，在"测量"选项组的"方法"下拉列表框中选择"孔标注"选项，取消勾选"为深度创建辅助尺寸"复选框，如图 7-47 所示。在左上视图中选择最上方的一个螺纹孔特征，接着指定放置原点，如图 7-48 所示，然后在"径向尺寸"对话框中单击"关闭"按钮。

11）编辑指定的尺寸。在图纸页上双击孔直径尺寸"φ6"，打开"径向尺寸"对话框和一个屏显编辑栏，如图 7-49 所示。在屏显编辑栏中单击"编辑附加文本"按钮，弹出

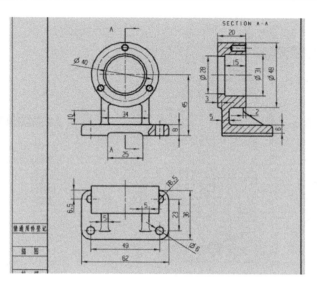

图 7-46　使用"快速"工具标注相关的尺寸

"附加文本"对话框，在"控制"选项组的"文本位置"下拉列表框中选择"之前"，在"文本输入"选项组的输入框内先输入"4"，接着在"符号"选项组的"制图"类别列表中单击"插入数量"符号▣，则输入框此时显示为"4 <#A >"，如图 7-50 所示，单击"关闭"按钮。

图 7-47　"径向尺寸"对话框

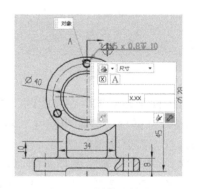

图 7-48　创建孔标注

　　调整该尺寸的放置位置后，在"径向尺寸"对话框中单击"关闭"按钮，从而完成为该孔直径尺寸添加了表示数量的前缀，如图 7-51 所示。

　　再在右上视图中双击直径尺寸"φ31"，在出现的屏显编辑栏中添加后缀文本"H8"，如图 7-52 所示。

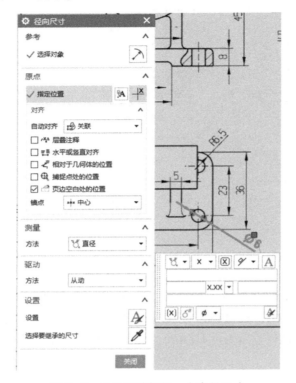

图 7-49　双击要编辑的一个直径尺寸　　　　图 7-50　"附加文本"对话框

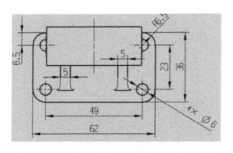

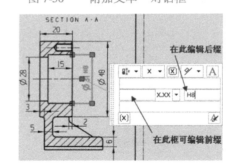

图 7-51　为指定的孔直径尺寸添加了前缀　　　　图 7-52　编辑指定尺寸的后缀

12）注写表面结构要求。在功能区"主页"选项卡的"注释"面板中单击"表面粗糙度符号"按钮 √，弹出"表面粗糙度"对话框，在"属性"选项组的"除料"下拉列表框中选择"修饰符，需要除料"选项，在"波纹（C）"框中输入"Rz 1.6"（Rz 和 1.6 之间隔着一个空格），在"设置"选项组的"角度"下拉列表框中选择"0°"，在"圆括号"下拉列表框中选择"无"选项，如图 7-53 所示。确保在上边框条中选中"点在曲线上"按钮 ⁄ 等点捕捉模式按钮，在右上视图中选择直径为 φ31 的内孔轮廓边上的一点以放置该表面结构要求符号，如图 7-54 所示。

使用同样的方法在各视图中标注所需的表面结构要求符号，如图 7-55 所示，图中已经对一些尺寸、文本注释的放置位置进行了微调，使视图看起来整洁有序。

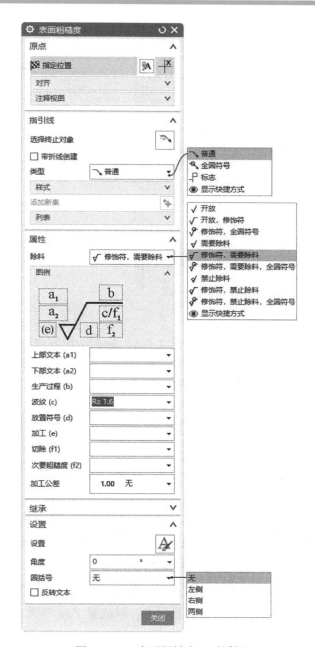

图 7-53 "表面粗糙度"对话框

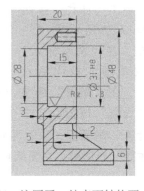

图 7-54 注写了一处表面结构要求符号

知识点拨：

　　表面结构要求的注写和读取方向与尺寸的注写和读取方向一致。必要时，表面结构符号可用带箭头或黑点的指引线引出标注。要用带箭头的引出线时，可以在"表面粗糙度"对话框的"指引线"选项组中单击"选择终止对象"按钮 🔨，接着在视图中选择对象以创建指引线，然后指定放置原点位置即可。

　　如果零件的多数（包括全部）表面有相同的表面结构要求，则其表面结构要求可统一

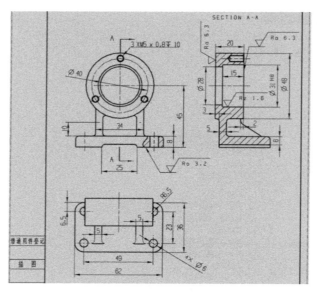

图 7-55　继续注写表面结构要求符号

标注在图样的标题栏附近。此时（除全部表面有相同要求的情况之外），表面结构要求的符号后面应该有两种情形：一是在圆括号内给出无任何其他标注的基本符号；二是在圆括号内给出不同的表面结构要求，不同的表面结构要求应直接标注在图形中。

在本例中，在标题栏的上方注写图 7-56 所示的表面结构要求。

13）注写技术要求。在功能区"主页"选项卡的"注释"面板中单击"注释"按钮 A，弹出图 7-57 所示的"注释"对话框。在"文本输入"选项组的文本输入框内输入"技术要求"，在"设置"选项组中单击"设置"按钮，弹出"注释设置"对话框，从中可编辑文字高度等，如图 7-58 所示，然后单击"关闭"按钮，

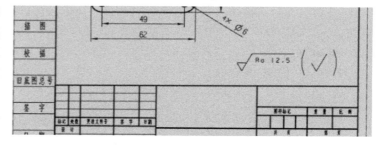

图 7-56　在标题栏的上方注写其余表面结构要求

返回到"注释"对话框。在图纸页的图框内合适位置处制定放置原点，以放置"技术要求"一行字。

使用同样的方法，插入具体的两行技术要求注释内容（如图 7-59 所示，字高要比"技术要求"4 个字的字高小一号）：

1. 未注的铸造圆角为 R2。

2. 铸件表面上不允许有裂纹、缩孔等缺陷。

14）通过属性定义填写标题栏的一些栏目。在功能区中打开"文件"应用程序菜单并选择"属性"命令，弹出"显示部件属性"对话框。在"属性"选项卡中通过批量编辑的方式填写部件属性的相关值，如图 7-60 所示。此时如果切换至"显示部件"选项卡，可以看到工作层为"171"。

图 7-57 "注释"对话框

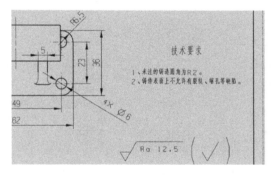

图 7-58 "注释设置"对话框

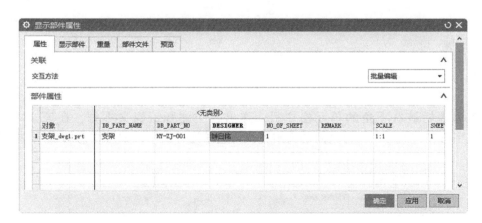

图 7-59 注写技术要求具体内容

图 7-60 编辑部件属性值

在"显示部件属性"对话框中单击"确定"按钮，完成初步填写的标题栏如图 7-61 所示。可以看到还有一些内容没有填写上，设计公司、单位机构信息还需要更改。

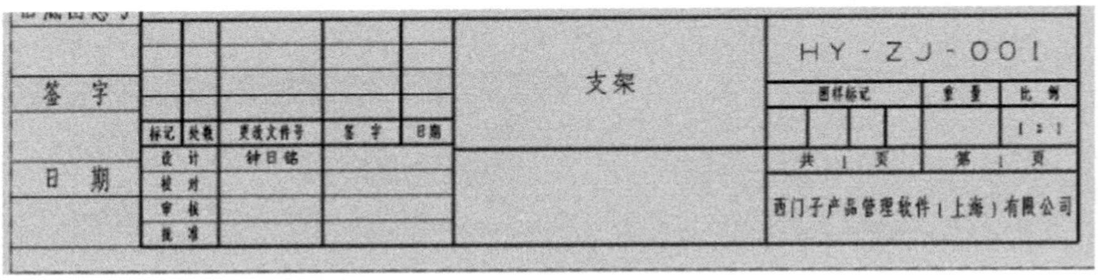

图 7-61　初步填写的标题栏

15）更改标题栏中的公司机构名称。要使标题栏中的公司机构名称等一些栏目可编辑，可在上边框条上单击"菜单"按钮三 **菜单(M)** ▼并选择"格式"｜"图层设置"命令（对应的快捷键为〈Ctrl + L〉），弹出"图层设置"对话框。取消勾选"类别显示"复选框，接着在图层列表中单击"170"左侧（前方）的复选框，使该复选框的勾由灰色变为红色（此时表示其处于勾选激活状态），而其对应的"仅可见"复选框则自动被取消了勾选状态，如图 7-62所示，然后单击"关闭"按钮。

图 7-62　图层设置

双击标题栏最右下角的单元格栏目，弹出一个注释编辑文本框，在该文本框中将"〈F2〉"字符和"〈F〉"字符之间的文本更改为新的注释文本，如"桦意智创"，按〈Enter〉键确认。

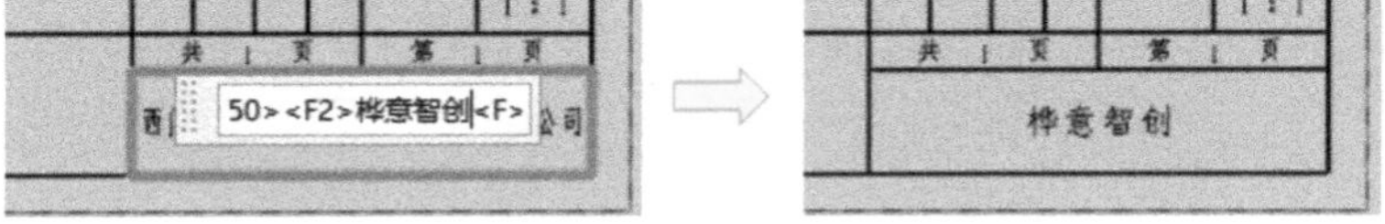

图 7-63　编辑标题栏的单元格注释

16）编辑标题栏中的其他单元格的注释文本。使用同样的方法更改标题栏中的其他单元格的注释文本。注意：双击其中没有设置属性的单元格，则可以在出现的空白文本框中输入要填写的内容，然后按〈Enter〉键确认输入即可。

可以适当编辑相关单元格的字体的高度。

最终完成填写的标题栏如图 7-64 所示。

至此，完成本例支架零件工程图的设计，完成的参考效果如图 7-65 所示。

图 7-64 完成填写的标题栏

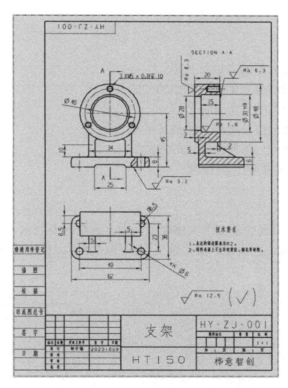

图 7-65 完成支架零件工程图设计

17）保存文件。按快捷键〈Ctrl + S〉，快速保存文件。

四、思考与实训

1）NX 工程图的创建流程是怎样的？

2）如何创建图纸页？如何编辑图纸页？

3）如何创建阶梯剖视图？

4）如何创建局部剖视图？

5）上机实训：打开本书配套资料包里的"CH7"｜"带轮.prt"文件，请为该皮带轮实体零件（见图 7-66）创建二维的零件工程图。

图 7-66　带轮实体模型

项目任务二 ···· 齿轮轴设计及其工程图创建

学习目标 《

- 掌握创建局部放大图的方法及技巧。
- 掌握通过绘制剖切线来创建剖视图的方法及技巧。
- 掌握设置尺寸公差的方法及技巧。
- 掌握创建基准和形位公差的方法及其技巧。
- 掌握快速生成标准齿轮简化画法的方法。
- 深刻理解 NX 工程图的创建精髓。

一、工作任务

项目要求：设计一根齿轮轴三维实体模型，轴上齿轮的模数 $m=2$、齿数 $z=18$，压力角为 20°，齿轮厚度为 28mm，设计好齿轮轴三维实体模型后，设计其零件工程图，完成的效果如图 7-67 所示。

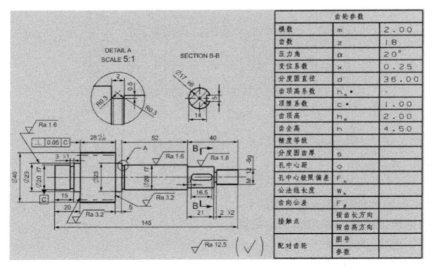

图 7-67　齿轮轴零件工程图

二、知识点

1. 创建局部放大图

在介绍如何创建局部放大图之前，要先了解局部放大图的概念。所谓的局部放大图就是将机件（零件）上的部分结构用大于原图所采用的比例画出的图形，以清晰地表达这部分的细节结构和形状。局部放大图应该尽量配置在被放大部位的附近。

要创建局部放大图，则在"制图"应用模块"主页"选项卡的"视图"面板中单击"局部放大图"按钮，弹出图7-68所示的"局部放大图"对话框，用于边界定义的选项有"圆形""按拐角绘制矩形""按中心和拐角绘制矩形"，而父项上的标签选项有"无""圆""注释""标签""内嵌""边界""边界上的标签"。这里打开一个"CH7"｜"轴零件.prt"文档，该文档的图纸页上已经生成一个普通视图，先在单击"局部放大图"按钮后设置边界选项为"圆形"，父项上的标签选项为"标签"，在视图中指定一点作为圆形边界的中心，接着拖动鼠标指定一个边界点，如图7-69所示。在"比例"选项组的"比例"下拉列表框中选择一个合适的比例，或者从"比例"下拉列表框中选择"比率"选项，自定义比率值，例如本例可以将比率设为"3∶1"，如图7-70所示，然后在被放大部位的

图 7-68　"局部放大图"对话框

附近指定放置视图的位置，从而完成创建一个局部放大图，如图7-71所示。

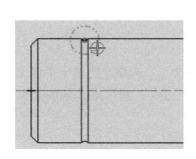

图 7-69　指定中心点和边界点

图 7-70　设定比率值

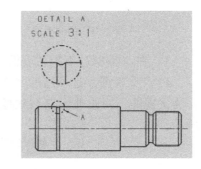

图 7-71　创建一个局部放大图

使用同样的方法再创建一个局部放大图，第二个局部放大的边界定义采用"按拐角绘制矩形"，如图7-72所示。

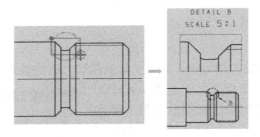

图 7-72 创建第二个局部放大图

2. 绘制剖切线

在 NX "制图"应用模块中创建基于草图的、独立的剖切线,然后可以使用这些独立的剖切线来创建相应的剖视图。下面以一个例子来演示如何绘制剖切线。

1)启动 NX 软件后打开"CH7"|"机械零件.prt"文件,已有视图如图 7-73 所示。

2)在功能区"主页"选项卡的"视图"面板中单击"剖切线"按钮🔁,弹出图 7-74 所示的"截面线"(剖切线)对话框(该对话框表述为"剖切线"对话框更科学)。

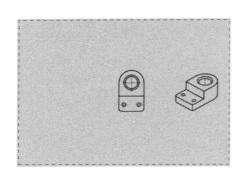

图 7-73 已有视图   图 7-74 "截面线"(剖切线)对话框

3)在"类型"下拉列表框中选择"独立的"选项。

4)"父视图"选项组的"选择视图"按钮🔳处于被选中的状态,选择左边第一个视图作为父视图,快速进入剖切线绘制模式,此时功能区提供"剖切线"选项卡,如图 7-75 所示。

图 7-75 功能区"剖切线"选项卡

5）使用"轮廓"按钮 ，在活动视图中绘制剖切线，如图7-76 所示。可以根据设计需要添加必要的几何约束，例如确保剖切线通过相关的圆心点。

6）单击"完成"按钮 ，返回到"截面线"（剖切线）对话框，在"剖切方法"选项组的"方法"下拉列表框中选择"简单剖/阶梯剖"选项，在"设置"选项组勾选"关联到草图"复选框，如图7-77 所示。

7）单击"确定"按钮，完成创建的剖切线如图7-78 所示。

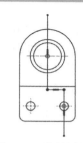

图 7-76　绘制剖切线

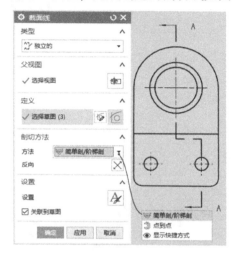

图 7-77　设置剖切方法等

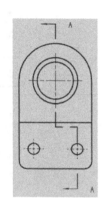

图 7-78　创建剖切线

3. 使用独立的剖切线创建剖视图

创建剖视图的另一个便捷途径是使用独立的剖切线来创建。请看以下操作案例（在一个知识点完成的案例的基础上进行）。

1）在功能区"主页"选项卡的"视图"面板中单击"剖视图"按钮 ，弹出"剖视图"对话框。

2）在"截面线"（剖切线）选项组的"定义"下拉列表框中选择"选择现有的"选项，此时"剖视图"对话框提供的内容如图7-79 所示。

3）选择用于剖视图的独立剖切线。选择独立剖切线后，便是准备指定放置视图的位置了，包括结合铰链线、视图方向类型和放置选项设置等，如图7-80 所示。

4）指定放置视图的位置，生成一个阶梯剖视图，如图7-81所示。

5）在"剖视图"对话框中单击"关闭"按钮。

4. 如何添加（设置）尺寸公差

可以在创建尺寸和编辑尺寸的过程中为该尺寸添加（设置）其尺寸公差。下面以添加一个带尺寸公差的孔直径尺寸为例，请看以下操作步骤，配套练习文件为"CH7"｜"机

图 7-79　"剖视图"对话框

械零件工程图 R2_4. prt"。

1）在功能区"主页"选项卡的"尺寸"面板中单击"快速"按钮 ，弹出"快速尺寸"对话框，接着在"测量"选项组的"方法"下拉列表框中选择"圆柱式"选项，如图 7-82 所示。

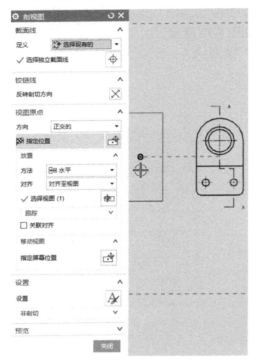

图 7-80　选择独立剖切线后　　　　图 7-81　指定放置　　　图 7-82　"快速
剖视图的位置　　　　　尺寸"对话框

2）选择要标注快速尺寸的第一个对象和第二个对象，接着移动鼠标指针拟指定放置尺寸的位置，此时在屏显尺寸编辑栏中将公差选项设置为"双向公差" ，并设置公差小数位数为"3"，上公差为"0.12"，下公差为"–0.25"，如图 7-83 所示。

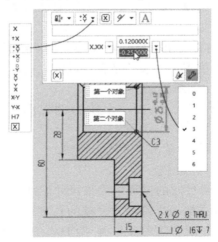

图 7-83　为新尺寸添加（设置）尺寸公差

3）单击鼠标左键指定该尺寸的放置位置，结果如图7-84所示。

5. 创建基准

在机械制图国标中，与被测要素相关的基准用一个大写字母表示，字母标注在基准方格内，与一个涂黑或空白的三角形相连以表示基准，涂黑或空白的三角形含义相同。带基准字母的基准三角形的放置是需要遵守一定规范的，例如，当基准要素是轮廓线或轮廓面时，基准三角形放置在要素的轮廓线或其延长线上（与尺寸线明显错开），基准三角形也可以放置在该轮廓面引出线的水平线上；当基准是尺寸要素确定的轴线、中心平面或中心点时，基

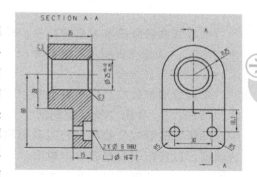

图7-84 完成创建一个带尺寸公差的尺寸

准三角形应放置在该尺寸线的延长线上，如果没有足够的位置标注基准要素尺寸的两个尺寸箭头，则可以用基准三角形代替其中一个尺寸箭头；如果只以要素的某一局部作为基准，那么应用粗点画线示出该部分并加注尺寸。

要创建基准对象，则可在功能区"主页"选项卡的"注释"面板中单击"基准特征符号"按钮，弹出"基准特征符号"对话框，从"类型"下拉列表框中选择"基准"选项，在"基准标识符"选项组中设置基准字母，以及其他相关设置等（见图7-85）。需要时，可以在"指引线"选项组中单击"选择终止对象"按钮，接着选择对象以创建指引线，然后指定原点以完成放置基准特征符号框，如图7-86所示。

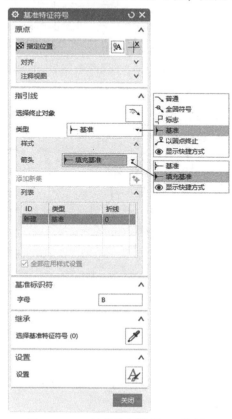

图7-85 "基准特征符号"对话框

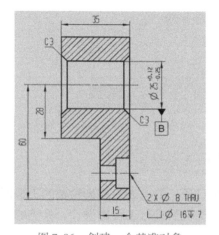

图7-86 创建一个基准对象

知识点拨：

如果需要调整基准对象的外观，可以尝试更改制图标准，例如将制图标准"GB"更改为"ISO"，注意观察制图标准的影响。

6. 创建形位公差

要创建形位公差，则可在功能区"主页"选项卡的"注释"面板中单击"特征控制框"按钮，弹出"特征控制框"对话框，接着在"框"选项组的"特性"下拉列表框中选择所需的形位公差类型，以及分别设置相应的内容，如图 7-87 所示，展开"指引线"选项组，设置指引线类型等，单击"选择终止对象"按钮，在图纸上选择对象以创建指引线，并指定放置位置，如图 7-88 所示。

完成创建基准特征和平行度标注的示例如图 7-89 所示。

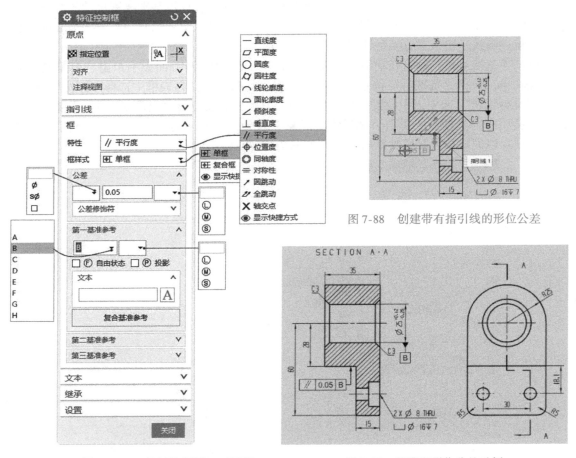

图 7-87　"特征控制框"对话框

图 7-88　创建带有指引线的形位公差

图 7-89　基准和形位公差示例

三、任务实施步骤

本项目任务要完成一款齿轮轴的工程图设计，涉及两大环节，一是建立其三维模型，二是通过三维模型进行工程图设计。具体的相关操作步骤如下。

1. 齿轮轴三维建模设计

1）启动 NX 软件后，按〈Ctrl + N〉快捷键新建一个使用名称为"模型"的建模公制模板（单位为毫米）的文件，其新文件名可以输入为"齿轮轴"。

2）进行渐开线圆柱齿轮建模。在功能区"主页"选项卡的"齿轮建模–GC 工具箱"面板中单击"柱齿轮建模"按钮 ，弹出"渐开线圆柱齿轮建模"对话框，接着在该对话框的"齿轮操作方式"选项组中选择"创建齿轮"单选按钮，单击"确定"按钮。

在弹出的"渐开线圆柱齿轮类型"对话框的第一组中选择"直齿轮"单选按钮，在第二组中选择"外啮合齿轮"单选按钮，在第三组（"加工"选项组）中选择"滚齿"单选按钮，如图 7-90 所示，单击"确定"按钮。

在弹出的"渐开线圆柱齿轮参数"对话框的"标准齿轮"选项卡上设置图 7-91 所示的渐开线圆柱齿轮参数，单击"确定"按钮。

图 7-90 "渐开线圆柱齿轮类型"对话框　　　图 7-91 设置渐开线圆柱齿轮参数

利用弹出来的"矢量"对话框设置 YC 轴为矢量，如图 7-92 所示，单击"确定"按钮，接着弹出"点"对话框，设置点位置的绝对坐标为 X = 0、Y = 0、Z = 0，单击"确定"按钮，完成创建的渐开线圆柱齿轮如图 7-93 所示。

图 7-92 指定矢量　　　　　　　　图 7-93 创建渐开线圆柱齿轮

3）以旋转的方式构建出轴的主体形状。在功能区"主页"选项卡的"特征"面板中单击"旋转"按钮 ，弹出"旋转"对话框。

选择 YZ 坐标面作为草图平面，绘制图 7-94 所示的轴旋转截面，单击"完成"按钮，返回到"旋转"对话框。

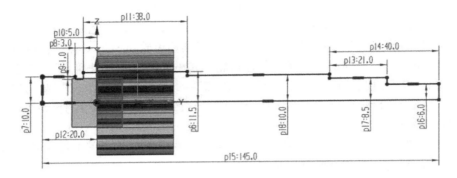

图 7-94 绘制轴旋转截面

选择基准坐标系的 YC 轴作为旋转轴，轴点可设为原点（0，0，0），在"布尔"选项组的"布尔"下拉列表框中选择"合并"选项，在"偏置"选项组的"偏置"下拉列表框中选择"无"选项，在"设置"选项组的"体类型"下拉列表框中选择"实体"选项，单击"确定"按钮，完成创建旋转轴主体如图 7-95 所示。

图 7-95 创建旋转轴主体

4）创建槽特征。在功能区"主页"选项卡的"特征"面板中单击"更多"｜"槽"按钮，弹出图 7-96 所示的"槽"对话框，从中单击"U 形槽"按钮。接着选择图 7-97 所示的圆柱面作为槽的放置面。

图 7-96 "槽"对话框

图 7-97 选择放置面

设置 U 形槽的参数，如图 7-98 所示，"槽直径"为"19mm"，"宽度"为"2mm"，"角半径"为"0.3mm"，单击"确定"按钮。

分别选定目标边和刀具边，如图 7-99 所示。

图 7-98 "U 形槽"对话框

图 7-99 分别选定目标边和刀具边

在弹出的"创建表达式"对话框中输入"0",如图 7-100 所示,单击"确定"按钮,创建的 U 形槽结构如图 7-101 所示。

图 7-100 "创建表达式"对话框

图 7-101 创建一个 U 形槽

5)创建一个矩形槽。在"U 形槽"对话框中单击"返回"按钮,返回到"槽"对话框,单击"矩形"按钮以开始创建矩形槽。

选择图 7-102 所示的圆柱曲面作为新矩形槽的放置面,接着设置矩形槽参数,如图 7-103 所示,"槽直径"为"8mm","宽度"为"2mm",单击"确定"按钮。

图 7-102 选择放置面

图 7-103 "矩形槽"对话框

分别选定目标边和刀具边,如图 7-104 所示,接着在弹出的"创建表达式"对话框中设置轴线距离为"0mm",单击"确定"按钮,然后单击"矩形槽"对话框中的"关闭"按钮✕。完成创建的该矩形槽如图 7-105 所示。

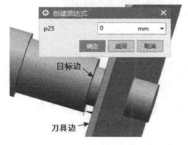

图 7-104 分别指定目标边和刀具边

图 7-105 完成创建一个矩形槽

6）创建一个键槽结构。在功能区"主页"选项卡的"特征"面板中单击"基准平面"按钮◇，弹出"基准平面"对话框，选择"按某一距离"选项，选择基准坐标系中的 XY 平面作为平面参考，设置偏置"距离"为"17/2-3"，"平面的数量"为"1"，勾选"关联"复选框，单击"确定"按钮。

在功能区"主页"选项卡的"特征"面板中单击"拉伸"按钮，弹出"拉伸"对话框。此时可以临时将显示渲染样式更改为"静态线框"以便于选择所需基准平面，这里选择刚创建的新基准平面作为草图平面，快速进入草图模式，绘制图 7-107 所示的键槽截面，单击"完成"按钮。此时可以将显示渲染样式重新设置回"带边着色"。

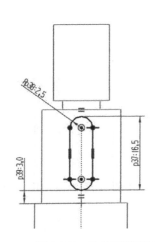

图 7-106　按某一距离创建基准平面　　　　图 7-107　绘制键槽截面

在"拉伸"对话框的"限制"选项组中将开始距离值设置为"0mm"，结束选项为"贯通"，在"布尔"选项组的"布尔"下拉列表框中选择"减去"选项，在"拔模"选项组的"拔模"下拉列表框中选择"无"，在"偏置"选项组的"偏置"下拉列表框中选择"无"，在"设置"选项组的"体类型"下拉类表框中选择"实体"选项，单击"确定"按钮，完成创建的键槽结构如图 7-108 所示。

图 7-108　完成创建一个键槽结构

7）创建符号螺纹。在功能区"主页"选项卡的"特征"面板中单击"更多" | "螺纹刀"按钮，弹出"螺纹切削"对话框，在"螺纹类型"选项组中选择"符号"单选按钮，在"旋转"选项组中选择"右旋"单选按钮。在模型中选择图 7-109 所示的圆柱曲面，接着从"成形"下拉列表框中选择"GB193"，设置"螺纹头数"为"1"，螺纹"长度"为"18mm"，如图 7-110 所示。其中有些参数是根据所选圆柱曲面的大小由系统自动从螺纹

表中获取最适合的数值。

图 7-109 选择一个圆柱曲面　　　　　图 7-110 修改螺纹的相关参数

如果发现螺纹生成方向不是所需的，那么可在"螺纹切削"对话框中单击"选择起始"按钮，选择起始面，接着利用出现的新"螺纹切削"对话框来定义螺纹轴方向，可结合预览的默认螺纹轴方向箭头来判断是否单击"螺纹轴反向"按钮，假设默认的螺纹轴方向如图 7-111 所示，则要单击"螺纹轴反向"按钮。定义好螺纹轴方向后返回到"螺纹切削"对话框，单击"确定"按钮（结合预览的螺纹轴方向箭头来实际操作），返回到进行螺纹参数设置的"螺纹切削"对话框，确保长度为 18mm，单击"确定"按钮，要在图形窗口中看到生成的符号螺纹，可以将显示渲染样式临时设置为"带有淡化边的线框" 🔲 或其他线框显示样式，如图 7-112 所示。最后还是重新设置启用"带边着色"显示渲染样式 🔲。

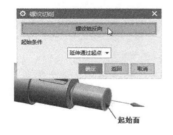
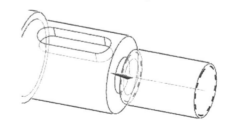

图 7-111 选择起始面及定义螺纹轴方向　　　　图 7-112 生成符号螺纹

8）保存文件。按快捷键〈Ctrl + S〉保存文件。此时可以将基准坐标系和基准平面隐藏，完成的齿轮轴三维模型如图 7-113 所示。可以适当添加倒斜角特征（这里限于篇幅不做过多讲解）。

图 7-113　完成的齿轮轴三维模型

2. 齿轮轴工程图设计

1）切换至"制图"应用模块并设置使用"ISO"制图标准。在功能区打开"应用模块"选项卡，在"设计"面板中单击"制图"按钮，从而切换至"制图"应用模块。

在上边框条上单击"菜单"按钮 ≡ 菜单(M) ▼，接着从"工具"菜单中选择"制图标准"按钮，弹出"加载制图标准"对话框，在"从以下级别加载"下拉列表框中选择"用户"选项，在"标准"下拉列表框中选择"ISO"选项，如图 7-114 所示，然后单击"确定"按钮。

2）新建图纸页。在功能区"主页"选项卡中单击"新建图纸页"按钮，弹出"工作表"对话框，从中进行图 7-115 所示的设置，单击"确定"按钮。

图 7-114　"加载制图标准"对话框

图 7-115　"工作表"对话框

3）创建主视图。系统自动弹出"基本视图"对话框，在"模型视图"选项组的"要使用的模型视图"下拉列表框中选择"正等测图"，单击"定向视图工具"按钮，弹出"定向视图工具"对话框和一个"定向视图"窗口，如图 7-116 所示。

法向采用"自动判断的矢量"方式来进行定义，选择键槽内部的平面；在"X 向"

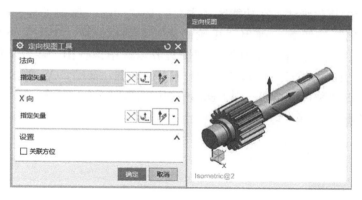

图 7-116 "定向视图工具"对话框和"定向视图"窗口

选项组的"指定矢量"下拉列表框中选择"YC 轴"图标选项YC，取消勾选"关联方位"复选框，如图 7-117 所示。然后在"定向视图工具"对话框中单击"确定"按钮。

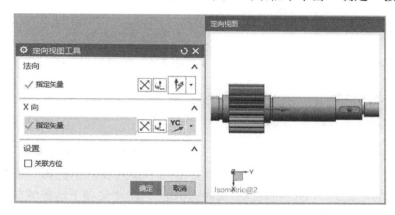

图 7-117 定向视图

在"基本视图"对话框"比例"选项组的"比例"下拉列表框中选择"1∶1"，确保"视图原点"选项组的"指定位置"按钮处于被选中的状态，在图纸页中指定放置视图的位置，然后在出现的"投影视图"对话框中单击"关闭"按钮。插入的第一个视图作为主视图，如图 7-118 所示。

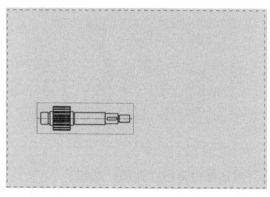

图 7-118 插入第一个视图（主视图）

4）生成齿轮的简化画法。在功能区"主页"选项卡的"制图工具－GC工具箱"面板中单击"齿轮简化"按钮 ⚙，弹出"齿轮简化"对话框，从"类型"下拉列表框中选择"创建"选项，在图纸页上单击主视图的视图边界以选中该视图，接着从齿轮列表中选择"gear_1"齿轮名，在"设置"选项组中勾选"C"复选框，设置"C"值为"3mm"，如图7-119所示，然后单击"确定"按钮，则主视图中的齿轮采用了简化画法，效果如图7-120所示。

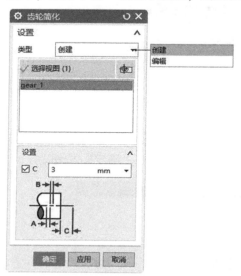

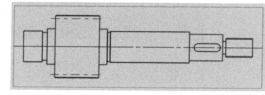

图 7-119 "齿轮简化"对话框　　　　　　图 7-120 采用齿轮简化画法后

5）创建局部放大图。在功能区"主页"选项卡的"视图"面板中单击"局部放大图"按钮 ⛁，弹出"局部放大图"对话框，从"类型"下拉列表框中选择"圆形"选项，在"比例"选项组的"比例"下拉列表框中选择"5∶1"，在"父项上的标签"选项组的"标签"下拉列表框中选择"边界上的标签"选项，接着在主视图中分别指定一点作为局部放大区域的中心点，再指定一个圆周点作为边界点，然后在父视图的上方合适位置处单击以放置此局部放大图，如图7-121所示。

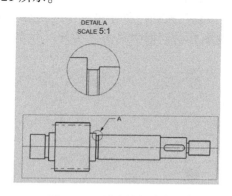

图 7-121 创建局部放大图

然后在"局部放大图"对话框中单击"关闭"按钮。

6）创建剖切线。在功能区"主页"选项卡的"视图"面板中单击"剖切线"按钮，进入剖切线绘制状态，利用"轮廓线"按钮 功能绘制图 7-122 所示的一条剖切线，单击"完成"按钮，系统弹出"截面线"（剖切线）对话框，类型为"独立的"。

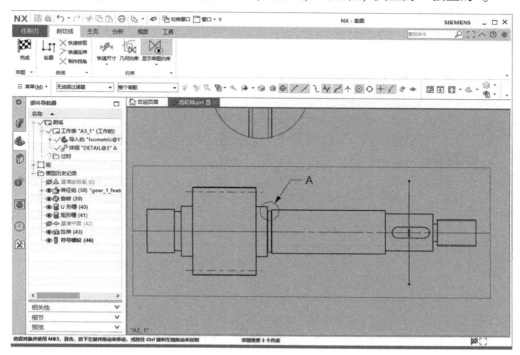

图 7-122　绘制一条剖切线

在"剖切方法"选项组的"方法"下拉列表框中选择"简单剖/阶梯剖"选项，在"设置"选项组中确保勾选"关联到草图"复选框，如图 7-123 所示，单击"设置"按钮，系统弹出"剖切线设置"对话框，利用该对话框可以对剖切线的类型、格式、箭头和箭头线等进行设置，如图 7-124 所示，本例将剖切线类型设置为"粗端，箭头远离直线"，单击"确定"按钮。

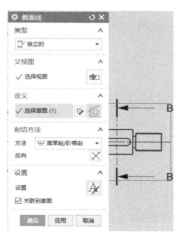

图 7-123　设置剖切方法等

图 7-124　"剖切线设置"对话框

知识点拨:

在"剖切线设置"对话框的左窗格中选择"公共"节点下的"视图标签",还可以修改剖切标签的字母,如图 7-125 所示。

在"截面线"(剖切线)对话框中单击"反向"按钮⊠以使剖切箭头朝向右侧,"确定"按钮,完成创建图 7-126 所示的剖切线。

图 7-125 设置视图标签格式

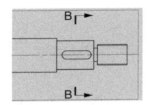

图 7-126 创建剖切线

7)创建剖视图。在功能区"主页"选项卡的"视图"面板中单击"剖视图"按钮⊞⊞,弹出"剖视图"对话框,从"截面线"(剖切线)选项组的"定义"下拉列表框中选择"选择现有的"选项,在视图中选择上步骤刚创建的剖切线,接着在"视图原点"选项组的"方法"下拉列表框中选择"正交的",在"放置"子选项组的"方法"下拉列表框中选择"自动判断"选项,指定剖视图的放置位置,如图 7-127 所示。

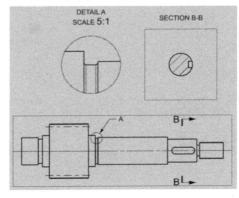

图 7-127 使用剖切线创建剖视图

要将该剖视图作为断面图之用，那么可以在剖视图中选择图 7-128 所示的一段轮廓线，接着在出现的浮动工具栏中单击"隐藏"按钮⊘，从而将其隐藏以获得所需的断面图。

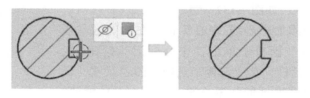

图 7-128　获取断面图：隐藏选定的轮廓线

8）标注尺寸。使用功能区"主页"选项卡的"尺寸"面板提供的相关尺寸工具命令来在视图中标注尺寸，如图 7-129 所示。

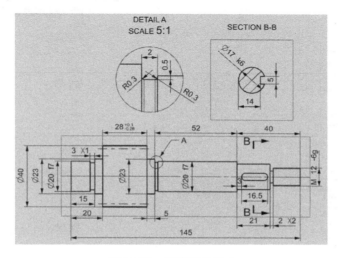

图 7-129　创建基本尺寸

知识点拨：

一般退刀槽的尺寸可按"槽宽×直径"或"槽宽×槽深"的形式标注。如果图形较小，也可以用指引线的形式标注，指引线从轮廓线引出。

9）创建基准特征。在功能区"主页"选项卡的"注释"面板中单击"基准特征符号"按钮，弹出"基准特征符号"对话框，将基准标识符字母设置为"C"，在"指引线"选项组的"类型"下拉列表框中选择"基准"，单击"选择终止对象"按钮，在图形窗口中选择左侧一个直径为"φ20f7"的尺寸对象以创建指引线，接着指定放置该基准特征符号的位置，如图 7-130所示。然后关闭"基准特征符号"对话框。

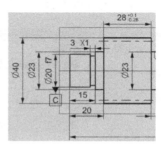

图 7-130　创建基准特征

10）创建垂直度。在功能区"主页"选项卡的"注释"面板中单击"特征控制框"按钮，利用弹出的"特征控制框"对话框在主视图中创建图 7-131 所示的垂直度。

11）标注表面结构要求。使用功能区"主页"选项卡的"注释"面板中的"表面粗糙度符号"按钮√，在视图中标注相关的表面结构要求，如图7-132所示。

12）在断面图中添加中心线/中心标记。在功能区"主页"选项卡的"注释"面板中单击"中心标记"按钮⊕，弹出"中心标记"对话框，在"设置"选项组的"尺寸"子选项组中勾选"单独设置延伸"复选框，将"（C）延伸"值设置为"3"，在断面图中选择轴的圆形轮廓线以创建其中心标记，可以拖动调整其中一端的延伸长度，如图7-133所示。然后再在"中心标记"对话框中单击"确定"按钮。

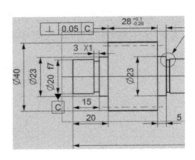

图 7-131　创建垂直度

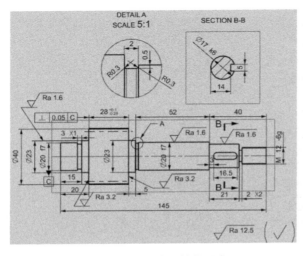

图 7-132　标注表面结构要求

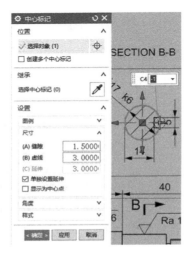

图 7-133　在断面图中创建中心线

13）建立齿轮参数表。在功能区"主页"选项卡的"制图工具 – GC工具箱"面板中单击"齿轮参数"按钮，弹出"齿轮参数"对话框，如图7-134所示，从齿轮列表中选择"gear_1"，从"模板"下拉列表框中选择"Template 1"，在图形窗口中指定一个点，单击"确定"按钮，生成一个齿轮参数表。使用鼠标指针分别调整该齿轮参数表的列宽，并将其拖放到图纸页上合适的位置处。本步骤完成的齿轮参数表如图7-135所示。

图 7-134　"齿轮参数"对话框

图 7-135　生成的齿轮参数表

14）设置不显示视图边界。在功能区中打开"文件"应用程序菜单，从"首选项"级联菜单中选择"制图"命令，弹出"制图首选项"对话框，确保在左窗格中选择"图纸视图"节点下的"工作流程"，接着在右窗格的"边界"选项组中取消勾选"边界"复选框，如图 7-136 所示。

图 7-136 "制图首选项"对话框

在"制图首选项"对话框中单击"确定"按钮，则在图纸页上相关视图不会显示视图边界了，效果如图 7-137 所示。

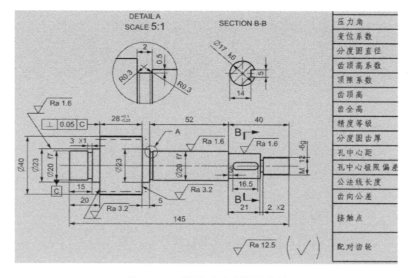

图 7-137 设置不显示视图边界

15）检查视图。认真检查视图，发现标注有疏漏的地方要及时更正过来。

16）保存文件。

四、 思考与实训

1）在进行具体的工程图设计之前，如何设置采用所需的制图标准？

2）什么是局部放大图？如何创建局部放大图？

3）如何设置剖切线的相关样式？如何创建剖切线？

4）如果要为视图中的某一个尺寸添加尺寸公差，那么应该如何操作最为便捷？

5）基准与形位公差通常是关联在一起的，如何创建它们？

6）上机操作：根据图 7-138 所示的工程图尺寸创建该零件的三维模型，然后根据该三维模型来练习建立其工程图。

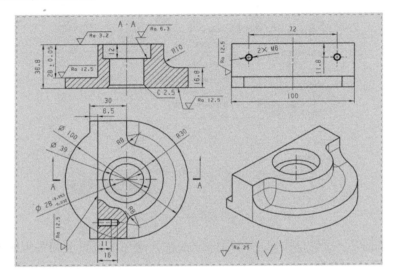

图 7-138　练习用的工程图